NHK 子ども科学電話相談 おもしろギモン大集合!!

NHK「子ども科学電話相談」制作班・編

はじめに

　全国の子どもたちの質問に専門家の先生たちが答える「子ども科学電話相談」。長年司会していてもあきるということがありません。はらはらさせられたのは，メダカの質問をした男の子。「…だから，お母さんがいいって言ったら飼って観察してごらん」と先生に言われたとたん，電話が無音状態に。「あれ？　もしもし？　もしもーし！」。待つことしばし。「飼っていいって！」。よかった，もどってきてくれた。お母さんに聞きに行ってたのね。かわいかったのは，「ウグイスは小さいのにどうしてあんなに長く鳴いていられるの？」と質問した女の子。「どう鳴くの？」と聞くと「ホ〜ホケキョ，ケキョケキョケキョ…」。息が切れるまでずーっと鳴いてくれました。すごいのは，恐竜にくわしいおおぜいのお友だち。「なぜテリジノサウルスとオビラプトルは近縁種なんですか？」「テリ…？？」話に入れない司会者は，先生とお友だちの空中戦を見上げるばかり。

　子どもたちの天衣無縫な存在感，自由な発想と型にはまらない受け答え，そしてむずかしいことをやさしいことばでどうにか説明しようとする先生たちの奮闘が，めくるめくスリルをよびます。番組に集まる質問の数々を，ぜひ本でおたしかめください。頭と心がやわらかくなり，子どもってすばらしい！と思われることでしょう。

2019年5月

アナウンサー　山田敦子

おもしろギモン大集合!!

はじめに／山田敦子アナウンサー ……………………………… 02

パート1　ラジオで話題! 名作 Q&A

- **Q01** 恐竜の化石を見つけたら，わたしの名前をつけてもいい？ ……… 10
- **Q02** どうやったらカブトムシやクワガタムシは強くなりますか？ ……… 12
- **Q03** おなかにアニサキスがいても魚はいたくないんですか？ ……… 14
- **Q04** うちのイヌは，ママの言うことは聞くのになんでわたしの言うことは聞かないの？ ……… 16
- **Q05** どうしてパンツははかないといけないのですか？ ……… 18
- **Q06** ダンゴムシはなぜ丸まるタイプと丸まらないタイプがあるんですか？ ……… 20
- **Q07** なんでゴリラはうんちを投げるんですか？ ……… 22
- **Q08** 人間はAIにいつか負けると聞くけれど本当ですか？ ……… 24

Q09	鳥はほかの動物より 頭が悪いんですか？	26
Q10	人はなんで 生まれてきて死んでいくのですか？	28

パート2　名言続出！　おもしろ科学

Q01	チョウはなぜまっすぐ飛ばないの？	32
Q02	海に昆虫はいますか？	33
Q03	カブトムシはなぜキューキュー鳴くの？	34
	ミニコラム　クワガタムシも鳴く!?	
Q04	どうすれば新種の昆虫を発見できますか？	36
Q05	毛虫の毛をぬくとどうなるの？	37
Q06	シワクシケアリはなぜ ゴマシジミの幼虫を巣に運ぶの？	38
Q07	動物の病院はあるのに， どうして虫の病院はないの？	39
Q08	ネコは水がきらいなのに，なぜ魚好きなの？	40
Q09	狂犬病にかかるのはイヌ科だけじゃないの？	41
Q10	シマウマはなぜシマシマしているの？	42
Q11	動物園はあるほうがいいの， ないほうがいいの？	44

Q12	クジラはなぜあんなに大きくなるの？	46
Q13	水中の生きものはどうやって体重をはかるの？	47
Q14	魚の皮は防水ですか？ 温度はわかるの？	48

ミニコラム こんなところに「しんとう圧」！

Q15	海にかみなりが落ちたら魚は感電する？	50
Q16	植物に話しかけるとよく育つのはなぜ？	51
Q17	アサガオはなんで支柱にまきつくの？	52

くわしく！ アサガオのまきつき方

Q18	ドクダミはなぜあんなにくさいの？	54
Q19	冬のキャベツはどうしてあまいの？	55
Q20	ヒマワリのタネはどうしてたくさんできるの？	56
Q21	どうして冬にさく花と夏にさく花があるの？	57
Q22	赤い植物は光合成をしているのですか？	58

ミニ図鑑 新芽が赤い植物

Q23	ウツボカズラは人間の指もとかしますか？	60
Q24	どうしてモモはチクチクするの？	61
Q25	カッコウなどがたく卵せず 自分で子どもを育てることはありますか？	62

ミニ図鑑 カッコウと，たく卵される鳥

Q26 フラミンゴに黄色いエサをあげたらどうなるの？ ········ 64
　ミニコラム　メイクする鳥たち

Q27 なぜ鳥には歯がないんですか？ ·················· 66

Q28 どうして鳥はは虫類から分かれて進化したの？ ········ 67

Q29 わたり鳥がいるように「わたり恐竜」もいたの？ ········ 68

Q30 恐竜はたく卵することがありますか？ ············ 70

Q31 いちばん強い恐竜はなんですか？ ·············· 71

Q32 ティラノサウルスには毛が生えていたの？ ········ 72
　ミニ図鑑　ティラノサウルスの仲間たち

Q33 ティラノサウルスはどうやって体温調節したの？ ···· 74

Q34 えんぴつの字はなぜ消しゴムで消えるの？ ········ 75

Q35 リニアモーターカーはなぜ速く走れるの？ ········ 76
　くわしく!　リニアモーターカーの仕組み

Q36 人間がぜつめつしても生き残る生物はなんですか？ ···· 78

Q37 死んだカエルを化石にできますか？ ············ 80

Q38 雪のときより雨のほうが寒く感じるのはなぜ？ ···· 81

Q39 宇宙に空気をばらまいたらどうなるの？ ·········· 82

Q40 1光年はどのくらいの速さですか？ ············ 83

Q41 138億年前の宇宙誕生の前には
なにがあったの? ……………………………… 84

Q42 アームストロング船長は
本当に月面におりたの? ……………………… 86

Q43 月に気温はありますか? …………………… 87

Q44 宇宙人のいそうな星は見つかっていますか? …… **88**

Q45 ブラックホールは最後どうなるんですか? ……… 90

Q46 どうしてアルファ碁は強いの? ………………… 92

　ミニコラム 引退後のアルファ碁は?

Q47 鉄腕アトムみたいなロボットはいつできる? …… 94

Q48 人工知能は感情を持ちますか? ………………… 95

Q49 AIが人に恋をすることはあるの? …………… 96

Q50 まちがえて覚えたことほど
わすれないのはなぜ? ………………………… 98

Q51 からいものを食べるとなぜあせが出るの? ……… 100

Q52 あまいものを食べるとなぜ幸せになるの? ……… 101

Q53 お父さんのおならはなぜぼくのよりくさいの? …… 102

Q54 つかれているとおこりやすくなるのはなぜ? …… 104

パート3　これも科学!?　変わったギモン

Q01 宇宙人は悪者なの？ ……………………………… 108

Q02 からあげ座を教えて！ …………………………… 109

Q03 植物食の翼竜はいますか？ ……………………… 110

Q04 セミのぬけがらは食べられますか？ …………… 112

Q05 カブトムシは
せんたく機であらっても平気なの？ ………… 113

Q06 もし鳥人間がいたら，ちこくしない？ ……… 114

Q07 青い鳥をつかまえるとなぜ幸せになれるの？ … 115

Q08 野菜はなんでまずいんですか？ ……………… 116

Q09 ネコになれる方法はありますか？ …………… 117

Q10 伝説の生きもののつくり方を教えて！ ……… 118

Q11 人間はなぜ争いごとをするの？ ……………… 119

答えてくれた先生方 ……………………………………… 120

おわりに／国司 真 ……………………………………… 126

※この本は，NHKラジオ「夏休み子ども科学電話相談」「冬休み子ども科学電話相談」の放送から質問を選び，さらに回答者の方々に説明を補っていただいて再構成したものです。

パート1

ラジオで話題！
名作 Q&A

放送を聞いた人たちの印象に残った
かわいい質問や,
すてきな回答を集めたよ!

Q01

恐竜の化石を見つけたら,わたしの名前をつけてもいい?
きょうりゅう

 さわが見つけたら「サワサウルス」って名前をつけていいんですか？

アナウンサー さわちゃんが自分で化石を見つけたら, さわちゃんの名前をつけてサワサウルスにしたいのね？

 はい。

小林先生 そうか, サワラプトルやサワミムスじゃダメなんだ。

 それでもいいです！

小林先生 あ, いいのか（笑）。まずね, 恐竜で人の名前がついたものはけっこう少ないです。バルスボルドという研究者の名前からつけたバルスボルディアとか, 少しはいますけどね。
きょうりゅう

　有名なのは, オーストラリアの恐竜研究者のトム・リッチとパトリシア・リッチ夫妻のケースがあります。自分たちのむすめのレリンからレエリナサウラ, 息子のティムからティミムスと, 恐竜に名前をつけたんですよ。
ふさい　　　　　　　　　　　　　　　　　　　　　　　　　　　　　　　きょうりゅう

 フタバスズキリュウはどうですか？

小林先生 あれは鈴木さんという人が発見したんだけれども, フタバサウルスっていうのが正式な学名で, フタバスズキリュウはニッ
すずき

恐竜

> **小学1年生　女子**　からの質問
>
> ぜひとも恐竜に自分の名前をつけたい,さわちゃん。
> 2018年夏のらじる★らじるききのがしで
> いちばんたくさん聞かれた質問です。

クネームなんだよね。本当の名前じゃない。
　なんとかサウルスの,そのあとにつく名前を種小名といいます。たとえば,ティラノサウルスの学名はティラノサウルス・レックスというんだけど,その「レックス」の部分。そこに名前をつけることはできるかもしれません。
　でも,やっぱり見つけた人本人の名前ってつけないんだよ。だから,さわちゃんが恐竜を見つけたら,先生のところに持ってきて。名前をつけてあげる。
　ただ,さわちゃんは女の子だから,「サワサウルス」じゃなくて「サワサウラ」になっちゃうけど,いいかな？

 いいです。

小林先生　じゃあ決定だ。恐竜を見つけに行こう!

 おねがいします!

パート1　ラジオで話題! 名作Q&A

Q02

どうやったらカブトムシやクワガタムシは強くなりますか？

清水先生 カブトムシやクワガタを戦わせるの？

　…うん。

清水先生 そうか（笑）。カブトやクワガタを強くするっていうことは，長生きさせることにつながるのね。弱いと長生きできない。だから，まずは元気なカブトやクワガタにするっていうことから入りたいと思うんですけど，これは幼虫じゃなくて成虫？

　…はい。

清水先生 本当はね，幼虫から育てるとしたらいいエサをたくさんあげて，大きな成虫に育てるのが最初なの。体が大きいとやっぱり強いし，戦う力もついてくるから。
　あと，おなか空いていると力が出ないから，エサを切らさないようにしてあげてね。リンゴやモモ，バナナなんかがいいんだけど，昆虫ゼリーでもいいからおなかいっぱい食べさせて，弱らせないようにしてください。
　それから，オスとメスはいっしょに飼ってる？

　…いっしょに飼ってる。

清水先生 交尾して卵を産むのに体力を使っちゃうから，別々にしたほうがいいね。

昆虫

小学1年生　男子
からの質問

飼い方の相談かと思ったら…。
最後までお話を聞いて，その心やさしさに
感動する大人たちが続出！

あと，これはおじさんもやったことないんだけど，わざと弱いのと戦わせて自信をつけさせ，負けぐせをつけないようにする方法もあるらしいよ。

アナウンサー　カブトムシやクワガタをお友だちと戦わせるの？

　1ぴきがいじめてるから，ほかを強くしたい。

清水先生　ああ，そういうことか！　それなら分けたほうがいい。野外でも強いものと弱いものがいるけど，**弱いやつには弱いやつなりの生き方がある**の。体の大きなカブトムシは自分の力でエサ場をせんりょうしなきゃいけないし，メスもうばいとらなくちゃいけない。でも弱いやつは，大きいやつらがケンカしているすきにエサを食べたり，メスと交尾したりして，かげでこそこそっと生きていくことができるの。

オスどうしはケンカするので，とにかくいっしょにしないほうがいいですね。卵を産ませたいなら，弱いオスとメスをいっしょにしてやるのもいいかなと思います（笑）。

パート1　ラジオで話題！　名作Q＆A

Q03

おなかに
アニサキスがいても
魚はいたくないんですか？

 あのね，お父さんがサバを食べてアニサキスにあたって，おなかいたくなったの。

林先生 それはたいへんだったね〜。まずアニサキスのことをお話しなきゃいけないんだけど，「寄生虫」って知ってるかな？

 うん。

林先生 それだったら助かりました（笑）。アニサキスというのは海の中にすんでいる大きな動物，たとえばイルカやクジラね，そういうもののおなかにいる寄生虫なんですよ。ミミズみたいな細いのが，胃の中にそれこそ何万，何十万とすみついているんです。

 え〜っ！

林先生 寄生虫は自分が生きていくために，ほかの動物の中に入って栄養をとるんだよね。だけど，相手の動物をいためつけてしまうと，自分がそこで生きていけなくなってしまうので，本当はあんまりいたくしたり，苦しめたりすることをしないんだ。

それでね，イルカやクジラがうんちをするでしょう？　そのうんちの中にアニサキスの卵が入っているんだけど，うんちを小さなカニやエビなどが食べるんだよ。で，そのカニやエビを小さな魚，たとえばサバが食べる。そうするとサバの中で卵がかえって，新しい

> **6歳　女子**
> からの質問
>
> むじゃきな笑い声で明かされる，
> お父さんの悲劇。「お父さんかわいそう!」
> の声がインターネットにあふれました。

アニサキスが生まれるんだよね。そして，そのアニサキス入りのサバをイルカやクジラが食べるはずが，たまたまお父さんが食べちゃったわけだ。

　海の生きものの中にいたかったアニサキスは，人間の体に入ると困っちゃうわけ。だから，一生けんめいにげ出そうとして胃や腸を食いやぶって，外に出ようとするの。そのために人間はおなかがいたくなってしまうんだよね。

　二度とそうならないように，お父さんに，あんまり生で魚を食べないようにねって，言っておいてね。

うん。あとね，お父さんが**アニサキスにあたったの，これで3回目**なの（笑）。

一同　（笑）。

林先生　ああ，そうなんだ。じゃあお父さんに，できるだけ長く冷凍しておいたものか，60℃以上で1分以上煮たものを食べるようにすればアニサキスにあたらないよって，教えてあげてね。

Q04

うちのイヌは，ママの言うことは聞くのになんでわたしの言うことは聞かないの？

成島先生 どんなときに言うことを聞いてくれないの？

 ごはんをあげるときに，お手とかしない。

成島先生 じゃあ，お母さんが「お手」って言ったら，やってくれるんだ。

 うん。

成島先生 なるほど，わかりました。イヌって1ぴきだけじゃなく，家族でくらす生きものなんです。群れってわかるかな。人間とおなじように，お父さん，お母さんがいて，子どもたちがいてと，家族でいっしょにくらしているんです。

　そのくらしているときに，だれがいちばん強いのかな，えらいのかなっていうのを考えて，順番をつけちゃうんです。いちばん強いのがお父さん，次に強いのがお母さん，というふうにね。それで自分より強いと思うイヌの言うことは聞くけど，自分より弱いイヌにはぎゃくに自分の言うことを聞かせようとするんです。

 うん。

成島先生 だから，あなたのおうちのイヌも，あなたの家族を「自

> **5歳　女子**
> からの質問
>
> 「えっ, わたしがイヌの妹!?」と
> ビックリするお答え。でも, 成島先生の
> やさしいアドバイスが心に残ります。

分の仲間だ」と思っているわけです。そして, お母さんのことは「自分よりもえらい人だ」と考えているんです。ところが, あなたのことは…, 本当にごめんね, 「**この子は自分より下だ**」と見なして, 妹みたいに思っているんだろうね。だからイヌはあなたの言うことを聞いてくれないんだな。

　でも, あなたもこれからだんだん体が大きくなるし, 一生けんめいイヌのお世話をして, いまよりもっと仲よくなれば, だんだんとあなたのことを「すてきだなぁ, お姉さんみたいだ」と思うようになるよ。ごはんをあげたり, お散歩に行ったり, お世話はちゃんとできるかな？

 やってみる。

成島先生　がんばってね。

Q05

どうしてパンツははかないといけないのですか?

アナウンサー いつもはパンツはいているの?

学校に行くときとかは, はいています。

篠原先生 ということは, 家にいるときはパンツをぬいでいるの?

はい。お兄ちゃんもはかないときがあります。

篠原先生 なんではかないの?

めんどくさいから。

篠原先生 でも, パンツをはかなかったからカゼひいちゃったりとか, そんなことはないんだね。

はい。

篠原先生 おじさんもね, **ホテルに行くとパンツをぬぐくせがあって,** そうするとカゼをひきやすくなるんだけど, そうでないならとくに問題はないよね。お父さんやお母さんにはなにか言われているの?

「はきなさい」とは言われます。

篠原先生 そうか。じゃあ, 質問にもどるけど, パンツは別にはか

心と体

> **小学1年生　男子**
> からの質問
>
> 科学かどうかは別として，
> インパクトの大きかった質問。
> 篠原先生のかくされた習慣も明らかに!?

　なくてもいいと思うんだよ。だって，世界にはパンツをはかない民族もいるし，日本だってパンツをはくようになったのは，洋服を着るっていう文化ができた150年くらい前からなの。だけど，みんなパンツをはいているのにいきなりぬぐと，問題が出てくる。服だっておなじで，人前で急に服をぬいだら法律に引っかかって，たいへんなことになってしまうでしょう。

　だから，**科学的には「はかなくてもいいよ」**っていうのが答えだけど，世の中のルールや文化という面からは，「そういうものだ」と思っておいたほうが，いろいろ楽だと思います。

パート1　ラジオで話題！ 名作Q&A

19

Q06

ダンゴムシはなぜ丸まるタイプと丸まらないタイプがあるんですか？

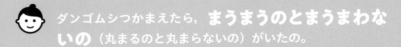 ダンゴムシつかまえたら，**まうまうのとまうまわないの**（丸まるのと丸まらないの）がいたの。

丸山先生 そうか，いいことに気づいたねぇ。それ，本当はね，丸まらないほうはダンゴムシじゃないんだよ。背中から見るとよく似ているけど，ワラジムシっていうんだよね。むかしの人がはいていた，草であんだはきものを「わらじ」っていうんだけど，そのわらじに形が似ているから，ワラジムシっていいます。

 平べったいの？

丸山先生 平べったいよ。

 なんかダンゴムシみたいに足がゾコゾコしてて，背中がボコボコ。

丸山先生 そうそう。ダンゴムシによく似てて，実際ダンゴムシに近い仲間です。ワラジムシも飼ってみたことある？

 う〜ん，飼ってない。ダンゴムシなら飼って，葉っぱをあげてみたんだけど，食べられなくて死んだの。

昆虫

4歳　女子
からの質問

質問者のあまりのかわいらしさに，丸山先生もメロメロ。「まう山先生」のニックネームはここから生まれました！

丸山先生　どういう葉っぱをあげたの？

雨の日に落ちてる，地面の葉っぱ。

丸山先生　ああ，ダンゴムシは，もうくさりかけて古くなった葉っぱが好きなんだよ。地面に落ちて茶色くなったかれ葉が。

そればかり拾わなくちゃいけないの？

丸山先生　うん。いろいろな色のかれ葉をあげると，ダンゴムシはその中から好きなのを選んで食べるから，長生きします。

じゃあ，こんどダンゴムシを飼ってみようかなって思ったら，お父さんとお母さんに相談して，茶色いかれた葉っぱ，さがしに行ってみるね。

ダンゴムシ　　ワラジムシ

パート1　ラジオで話題！　名作Q&A

Q07

なんでゴリラは
うんちを投げるんですか?

お父さんが小さいとき，動物園でゴリラがうんちを投げるところを見ていて，迷子になっちゃったんです。

小菅先生 そうか，お父さん投げられたんだ。ゴリラにうんこ投げられて，顔にビチャッと当たったら，どんな気持ちがする?

え～，きたないなぁって。もし投げられたら，**うんちを手に持って，ゴリラにズッダーンって当てる。**

小菅先生 うわぁ～っ，ほんとか!（笑） それはだいたんな行動だ。ふつうの人はにげるよね。

おじさんが動物園で働いていたとき，ゴリラはやらなかったんだけど，チンパンジーがうんこ投げるのを見ていると，うんこを手にしただけでお客さんがバーッとにげるの。

それがうんこを投げる理由なんだよ。動物園のゴリラやチンパンジーは，せまいところに入れられてたいくつなんだ。だから，**うんちを投げて，人間がにげたり，さわいだりするのが楽しいんだよ。**

おじさんのいた旭山動物園では5～6頭のチンパンジーを飼っていたんだけど，最初はうんこを投げるやつはいなかったの。ところが，あるとき，よその動物園からチンパンジーがやってきてね，そいつが自分のうんこをお客さんに投げたんだよ。前の動物園でやっ

22

動物

小学2年生　男子
からの質問

うんちの話といえば, 小菅先生。
だけど, 動物にとって大切で
まじめなお話なのです。

ていたんだろうね。で, お客さんがバーッとにげるでしょう？　それを見たほかのチンパンジーたちがおもしろがって, 一気にそれが広がってしまったんだ（笑）。

　お客さんとうんこを使って遊ぶっていうのは, ゴリラやチンパンジーにとっては文化で, コミュニケーションのひとつなんだよね。人間以外の動物は自分のうんこをきたないなんて思ってないから。

他人のうんちはきたないけど, なんか自分のうんちはきれいみたいな感じ。

小菅先生　そうだよなぁ。だけど, 動物は他人のうんこもそんなにきたないと思っていないみたいなんだよ。チンパンジーなんか, 指につけたうんこで, かべに落書きしたりするんだ。

　野生の動物はぜったいうんこを投げたりしません。動物園のゴリラやチンパンジーたちの特技だと思います。

パート1　ラジオで話題！ 名作Q&A

Q08

人間はAIに
いつか負けると聞くけれど
本当ですか？

高橋先生 人間がAI，人工知能に負けるんじゃないかと，心配なんですか？

 はい。

高橋先生 だけど，考えてみると，かけっこをしたら自転車に負けるし，自動車なんかもっと速いし，計算をしても電卓のほうが速いですよね。

 はい。

高橋先生 人間はすでにいろんなことで機械やコンピューターに負けています。でも，たとえば自転車にかけっこで勝てなくなったからって，人間が不幸になったわけではありませんよね。

　AIはどんなことがどこまでできるのか，まだよくわかっていません。すごくむずかしいことまでできるようになって，人間は，いる意味がなくなっちゃうんじゃないかって，心配している人もいます。でも，人間がかんたんにやっていることが，じつはまだAIにはできないし，ぎゃくにぼくたちがむずかしいと思っていることをAIがかんたんにやってくれたりするわけで，人間とAIはおたがいに助け合えるんじゃないかとも思います。

 AIに負けたら…。ぼくたちが大きくなったとき，仕事がな

> ロボット・AI

> **小学1年生　男子**　からの質問
> 未来が心配でたまらない小1ボーイ。
> 高橋先生のお話を聞いて,安心してくれたかな?

くなるとこわいです。

高橋先生　新しい仕事はこれからどんどん生まれてくると思うんだ。**AIがあることで人間の新しい役割が生まれて**いくし,AIが助けてくれるからいい結果を出せることも多いはずです。

そして,じつはですね,みんなが取り組んでいる夏休みの宿題なんかも,これからは変わってくるかもしれませんよ。ただ単純にたくさんのものごとを覚えるだけっていうのは,コンピューターのほうが得意なので,暗記するだけの勉強はだんだんなくなっていくかもしれないですね。

パート1　ラジオで話題!　名作Q&A

Q09

鳥はほかの動物より頭が悪いんですか？

アナウンサー あなたはどう思う？

 う～ん，鳥は頭が少しだけ悪いかな～って。

アナウンサー わかりました（笑）。じゃあ川上先生に聞きましょう。

川上先生 こんにちは～，川上で～す。
　鳥はね，頭悪くないですよ。頭いいです。種類によって，頭のよさはちがうと思うんだけど，どういうところを見てそう思ったの？

 いや，なんか「鳥頭」ってことばがあるから。鳥は3歩歩いたらわすれるって。

川上先生 **それ，悪口。悪口はよくないね！** たしかに，人間よりかしこいかっていわれると，そんなことはないと思うんだけど，鳥にもすごくかしこいのがいるんです。
　たとえば，ミヤマオウムという鳥はいたずら好きで，すごく頭がいいといわれているんだよね。ふたがカチッとしまるゴミ箱を勝手に開けて，中のものを食べちゃったり，自転車のタイヤをパンクさせたり，ネジを外しちゃったりと，いろんな悪さをしちゃうんだよ。集団でヒツジをおそって背中の肉を食べちゃったりもしたものだから，めいわくがられて人間にたいじされ，数がすごくへってしまったこともあるの。

鳥

> **小学3年生　女子**
> からの質問
>
> 鳥の悪口はゆるさない！
> バード川上先生が鳥のかしこさを
> 熱く語ってくれました。

 ヒツジを…。

川上先生 あとシジュウカラの仲間は，牛乳ビンの紙のふたを勝手に取って飲んだりするんだって。カラスだって頭がいいといわれているし，「鳥は頭が悪い」っていうのはただの悪口です。

　鳥をいっぱい観察して，どういうことをして生きているか見てみてください。みんな食べものをさがしたり，天敵からにげたり，そういう知恵があるからこそ，きびしい野生の世界で生き残ってこられているの。本当に頭がよくないとたぶん生き残れないんだよね。

 へぇ〜！

川上先生 だから，いろいろな鳥を観察してみてください。

Q10

人はなんで生まれてきて死んでいくのですか？

藤田先生　人は生まれて，やがて死んでいく。それがなぜか，というのはとてもむずかしい問題ですよね。人にかぎらず，動物でも植物でも，生きものはみんな生まれたら死んでしまう。それはなぜでしょうか。

　人間も動物も植物も，体は「細胞」というものからできています。細胞って聞いたことありますか？

　いいえ。

藤田先生　体は細胞というとっても小さいものが集まってできているんですよ。その細胞1個が2個に分かれて，分かれた1個がもとの1個と同じ大きさになる，ということを何回もくりかえして，どんどんふえて，体は大きくなるんですね。

　ところが，細胞は何回分かれるか回数が決まっているらしいんです。どんな役目の細胞かで回数はちがうんですが，決まった回数分かれると，もうそれ以上分かれなくなってしまい，役目を果たさなくなっちゃうんですね。そうなると，栄養をとっていらないものを体の外に出すとか，いろいろな働きができなくなる。そしてやがて死んでしまうのだと考えられているんです。

　ところで，死ぬということはどういうことだと思いますか？

　ちょっと不安です。

科学

> **小学3年生 女子**
> からの質問
>
> 命についての深い質問は,
> 担当ジャンルの広い藤田先生。
> むずかしいけれど大切なお話でした。

藤田先生　ぼくも不安なんです。でもね,ちょっと考えてみましょう。あなたはお父さんとお母さんから生まれたわけでしょう。あなたはあなた自身であると同時に,**お父さんお母さんから見ると,もともとは自分の一部だった**んですよ。それがあなたという新しい命になったの。そして,お父さんお母さんも,おじいさんおばあさんたちの一部だった。そうやって,**命は自分そのものを次の世代にバトンタッチしている**んです,運動会のリレーのように。

　あなたが大人になって子どもが生まれたら,あなたからその子にというふうに,命はどんどんリレーされていきます。地球で生まれている命,生きものは,むかしからそうやってつながっているんです。

　だから,あなたも自分自身を大切にして生きてくださいね。

パート1　ラジオで話題！ 名作Q＆A

パート2

名言続出!
おもしろ科学

身近なふしぎや,
本ではわからなかったことを
科学者の先生方に聞いてみたよ。

昆虫

チョウはなぜ まっすぐ飛ばないの?

小学1年生　男子

久留飛先生　チョウつかまえるの, むずかしくなかった?

 え〜, ちょっとむずかしかった。

久留飛先生　むずかしいよね。もしチョウがまっすぐ飛んでくれたら「あっ, ここに来るぞ」ってわかるから, つかまえやすい。だけど, 風にふかれている葉っぱのような動きでふわふわ飛んでいると, どこに飛んでいくかわからないから, ちょっとつかまえにくいよね。

 うん, つかまえにくい。

久留飛先生　**それがチョウのやり方や**(笑)。
　昆虫にははねが4まいありますよね。トンボは前ばねとうしろばねをうまくコントロールしながら別々に動かすから, まっすぐ飛ぶことができます。ところがチョウは前後のはねを同時に動かしているから, どうしてもふらふら, ふわふわした飛び方になってしまうんです。そうすると鳥につかまりにくくなるから, 生きのびられる。あなたがつかまえようとしても, ひょっとしたらうまくにげられるかもしれない。昼間飛んでいる昆虫たちは, そうやってできるだけつかまらないような動きで生きのびてきたんだと思います。

32

海に昆虫はいますか？

小学1年生　女子

丸山先生　海に昆虫はあんまりいません。これは本当にふしぎなことなんです。世界には300万種とか500万種ともいわれる昆虫がいるのに、海にはほとんどいない。

その理由はいくつか考えられています。まず、海ってしょっぱいでしょう。もともと海にすんでいる生きものは平気でも、そうじゃない生きものにはすみにくいんです。人間でも、ケガをして海に入るとしみたりするよね。そういうふつうの水とのちがいが、昆虫には命取りになります。

あと、海には波や潮の満ち引きがあったり、昼間の砂浜がすごく熱くなったりと、昆虫にとってはすごくすみにくいんですね。

ただ、ぜんぜんいないわけじゃなくて、少しはいます。

なにがいるんですか？

丸山先生　たとえば、岸辺近くの海水にはウミユスリカの幼虫がいます。あと満潮になると水中にしずんでしまうような石の下にすむ、ウミハネカクシとかキバナガミズギワゴミムシという、甲虫の仲間とかね。いちばんすごいのはウミアメンボの仲間で、広い海のおきのほうにプカプカういているんです。

一生海ですごす昆虫は少ないし、ゲンゴロウやタガメみたいに水の中をスイスイ泳ぐ昆虫は、海にはほとんどいません。

でも、いることがわかったからよかったです。

丸山先生　こんど海に行ったら、さがしてみてください。春先から活動しています。逆に、夏になると暑すぎて活動しなくなってしまうので、見つけにくいかもしれませんよ。

昆虫

カブトムシは なぜキューキュー鳴くの？

小学1年生　男子

清水先生　飼っているカブトムシが鳴くのを聞いたんだね。どんなときに鳴いてた？　夜だったかな，昼だったかな？

え〜っと，おしり向けてるときに鳴いてた。昼も夜も。

清水先生　どっちも鳴いてたか，そうか（笑）。カブトムシって鳴くイメージがない虫だけど，最近は音を使うことが知られているのね。じゃあ，なんのために鳴いていると思う？

メスに求愛するため？

清水先生　さすが！（笑）　カブトムシが大好きなんだね。

うん，大好き。

清水先生　そうかそうか（笑）。
　カブトムシはひとりでさびしいから鳴くわけじゃなくって，メスに求愛するときとか，なにか危険なことが起きたときにも鳴きます。たとえば，カブトムシをつかむとおしりを動かして，キュッキュッと音を出したりするでしょう？

ああ，します。

清水先生　そうやって「やめろ，はなしてくれ！」といいたいときにも，音を使うようです。
　じゃあ，どうやって音を出しているかな。どこから音がする？

え〜っと，はねの下くらいかな。

清水先生　そう。かたいさやばねのうしろのほう，おしりに近い側

昆虫

のうらと、おしりの先の背中側のあいだに、かたい毛がいっぱい生えているの。そこをこすりあわせながら、おなかをのばしたりちぢめたりして、キュッキュッと音を出すんです。

おうちのカブトムシが**もし死んだら試してください**。背中とおなかを持って、はねと背中をこすりあわせるようにおしてみると、キュッキュッと小さな音が出ます。カブトムシ自身がやるとけっこう大きい音になるんだけど。

この先長く、だいじに飼って、最後死んじゃったときは、科学の実験をしてみてくださいね。

ミニコラム

クワガタムシも鳴く！？

カブトムシと人気を二分するクワガタムシ。こちらも鳴かない虫のイメージだよね。でも、アフリカ生まれのタランドゥスオオツヤクワガタは、いかくするときに体全体をふるわせて、ブーンという低い音を出すよ。

タランドゥスオオツヤクワガタ

Q04

昆虫

どうすれば新種の昆虫を発見できますか？

小学5年生　女子

丸山先生　わたしも小学生のころ，おなじように思っていました。**可能性は十分あります。** 日本に昆虫が何種類いるか，知ってますか？

　わかりません。

丸山先生　およそ3万種が知られています。すごいでしょう。でも，実際は5万種以上いるといわれているんだよね。だから，まだ日本にも2万種くらい，新種の可能性があるものがいます。

　ただ，クワガタやチョウのように大型で目立つものはもう研究が進んでいるので，新種を見つけるのはたいへんです。見つかる可能性が高いのはハエとかハチとか，小さな甲虫やガで，そういう仲間はまだまだ新種がたくさんいます。小さい虫は興味ない？

　興味はあるけど，ちょっとむずかしい。

丸山先生　でも，小さい虫もじっくり見るとみんなきれいなんだ。大きい虫だからかっこいいっていうもんじゃないんだよ。だんだんわかってくると思うけどね。

　とにかく，こういう仲間をたくさん採取して，標本を集めて調べてみてください。

　ただ，いちばんむずかしいのは，集めた虫が新種かどうか調べること。ここからが研究で，図鑑やこれまでの論文を調べたり，ほかの標本とくらべたりする必要があります。最初はたいへんだから，地元の博物館の先生などに聞いてみるのがいちばんいいでしょう。

　たくさん採取して，観察して，集めてみることから始まると思います。ぜひちょうせんしてみてください。

昆虫

Q05

毛虫の毛をぬくとどうなるの？

小学1年生　女子

清水先生　どんな毛虫の毛をぬきたい？

茶色い毛虫。

清水先生　春になったらいっぱい出てくる，ヒトリガかな。あの毛はなんのために生えているか，ちょっと考えてみようか。

寒いから身を守るため？

清水先生　そう，寒さから身を守る役割がひとつ。それから，毛虫を食べに来る敵や，毛虫の体に卵を産みつけようとするハチやハエの仲間がいます。でも，毛があったら食べようとしても口の中がチクチクして食べにくくなるし，卵を産みつけようとしても毛がじゃまする。つまり，体を守るというもうひとつのだいじな役割があるんです。だから，毛虫の毛がぜんぶなくなると，敵から身を守りにくくなるかなと思います。

はい。

清水先生　毛虫は**毛をぬくと体液が出ちゃう**と思うから，ぬかずにハサミで切るか，そってみるほうがいいよ。種類によっては毛の中に体液が通っているものもいるので，いろいろ試してみてください。すぐ死ぬやつもいるだろうし，多少切ってもだいじょうぶなものもいると思います。

　ただ，ドクガの幼虫のように毛に毒がある種類もいるので，おうちの人に相談してから，気をつけて観察してくださいね。

パート2　名言続出！おもしろ科学

Q06

昆虫

シワクシケアリはなぜ ゴマシジミの幼虫を巣に運ぶの?

小学4年生　女子

アナウンサー　シワクシケアリ, ですか。

はい, 自分たちの幼虫やサナギを食べてしまうゴマシジミを, なんでわざわざ巣に運ぶのかふしぎだなと思いました。

丸山先生　まずはゴマシジミの生活をかんたんに説明しますね。
　ゴマシジミの親はワレモコウという植物のつぼみに卵を産みます。ふ化したばかりの幼虫はワレモコウの花を食べてちょっとだけ大きくなり, 地面におりてシワクシケアリの巣に運ばれます。そして巣の中でアリの幼虫を食べてサナギになり, 成虫になったら急いで巣の外に出て, また外で卵を産むんです。
　それじゃあ, なんで巣に運ばれちゃうのかというと, 地面におりたとき体にみつ腺というのがあって, そこからあまいみつを出すんです。シワクシケアリはそのみつが大好物で, それで思わずゴマシジミの幼虫を巣に運んでしまうんだよね。

へえ〜。

丸山先生　アリは目があんまりよく見えず, においや音を使って「これは巣の仲間だな」「これは幼虫だ」「外敵が来たぞ」など, いろいろなことを知るんですね。巣の中に入った幼虫は, あまいみつを少し出すとともに, こんどはアリのにおいをまねします。それで, シワクシケアリの巣に入ったゴマシジミの幼虫は, アリの幼虫よりもだいじにされて, しかもアリの幼虫を食べちゃうわけなんです。
　最近, ヨーロッパのゴマシジミの仲間の研究でわかったんだけど, なんとゴマシジミの幼虫は女王アリににた音を出して女王のまねをすることで, アリにだいじにされているそうです。

昆虫

Q07

動物の病院はあるのに，どうして虫の病院はないの？

`小学4年生　女子`

 このあいだ，公園で弱っているチョウを拾ってエサをあげたんだけど，次の日に死んでしまったんです。

`アナウンサー`　チョウを病院に連れていけたらなと思ったのね。

 はい。

`久留飛先生`　答えるとしたら，**すぐ死んでしまうから**や。あなたが見つけたチョウはなんですか。

 アゲハチョウです。

`久留飛先生`　アゲハチョウはふつうに成虫になってからの寿命が2週間くらいといわれています。もし助けられたとしても，そんなに長生きができないのよ。

　それと，アゲハチョウが卵を100個産んでも，成虫になるのはそのうち1ぴきか2ひきだけなんです。ほかの生きものに食べられたりして，ほんの少ししか成虫にはなれない。昆虫たちは，いっぱい産んで，いっぱい幼虫になることで，とちゅうでたくさん死んでも子孫を残せるという仕組みになっているんですね。だから，病気だから，弱っているから治すということはあんまりないのです。

　人間とは生き方がちがうから理解しにくいのだけれど，わたしたちが「かわいそう」と思う感覚とはちょっとちがうんです。

　でも，チョウを助けたいと思った，そのやさしい気持ちは大切にしてくださいね。

動物

Q08

ネコは水がきらいなのに, なぜ魚好きなの？

小学3年生　女子

成島先生　そうだよね, ネコは水が大きらいですよね。自分からは泳がないのに, どうやって魚をとるのか。

じつは, 魚を食べるようになったのは**人間のせい**なんです。ネコの祖先は虫や小さな動物をつかまえて食べていたのですが, たぶん魚はとっていなかったと思います。

いまから150年くらい前の江戸時代までは, 日本では仏教の教えで「肉を食べてはいけない」ということになっていました。でも, 人間の体には動物性のたんぱく質も必要です。だから日本人は, とり肉やぶた肉, 牛肉などのかわりに魚を食べていたんですね。そのころネコは, 人間のあまりものをエサにもらっていたので, 日本のネコは肉ではなく, 魚を食べてきたんです。

江戸時代が終わって明治時代になると, 日本人も肉を食べるようになりましたが,「ネコはむかしから魚が好きだから」と, 魚をエサにすることが続いてきました。でも, それは誤解なんですよ。魚だけあたえているとネコが病気になってしまうんです。

　え〜っ！

成島先生　「黄色しぼう症」という, しぼうが黄色くなって体がはれる病気があって, 最悪の場合死んでしまうこともあります。ネコのごはんもバランスが大切なんですよ。

アメリカやヨーロッパなどで飼われているネコは肉が好きで, 魚はあんまり食べたことがないから,「日本のネコは魚を食べていますよ」というとビックリされちゃいます。これは食文化のちがいで, 日本人がむかしから魚を食べていたので, 日本のネコも魚が好きになったということなんです。

40

動物

Q09

狂犬病にかかるのは
イヌ科だけじゃないの？

小学3年生　男子

小菅先生　狂犬病のこと調べたの？

マンガに書いてありました。

小菅先生　いちばん身近な動物のイヌから人間にうつる病気だから，「狂犬病」という名前がついたんだと思うよ。
　だけど，狂犬病はイヌだけがかかるんじゃなくて，いろんな動物に感染するの。有名なのは，イヌの仲間のキツネ。あとスカンクやアライグマ，ネコやコウモリも狂犬病にかかるんだ。

コウモリも狂犬病に？

小菅先生　そう。コウモリにかまれて狂犬病になり，死んでしまった子どももいる。ほ乳類ぜんぶに感染する病気なんだよ。
　狂犬病で死んでしまう人は世界中にいて，多い年で5万人くらいいるんだって。なぜなら治す方法がないから。かまれたらすぐにワクチンや血清を打たないとダメなんだ。いちど病気が始まって具合が悪くなると，ほとんどの人が死んじゃうの。
　日本ではここ60年以上狂犬病の人が出ていない※んだけど，こんな国は珍しいんだよ。大陸のほとんどの国に狂犬病があるんだ。なんとか退治したくても，コウモリやアライグマなどの野生動物が感染していると，全滅させることがむずかしいからね。
　狂犬病をなくすことはほとんど不可能だから，予防することがすごくだいじなんだ。日本では狂犬病予防法によって，イヌの放し飼いが禁止されているし，予防注射も義務づけされているんだよ。

※海外で感染して帰国後発症した例が3例あります。

パート2　名言続出！おもしろ科学

Q10 動物

シマウマは
なぜシマシマしているの?

小学4年生 女子

小菅先生 これね，おじさんが動物園にいたころは，こう考えられていたの。シマウマは群れでくらす動物で，少なくとも十数頭，多ければ50頭くらいが集まって生きているんだけど，そんなシマウマをおそって食べちゃう動物ってなんだろう？

 ライオン？

小菅先生 そう。ライオンがシマウマの群れを見ると，シマシマがつながってひとつの大きな動物に見え，おそわれにくくなるんじゃないかといわれていたんだ。

　でも，おじさんね，動物園で実験してみたの。ベニヤ板にシマシマをかいて，1頭だけいたシマウマのところに置いてみたんだよね。シマシマにまぎれたほうが安全だったら，シマウマはベニヤ板のところに行くと思うでしょう？　ところが行かなかった。ということは，これはちがうんじゃないかなと。

　そうしたらすごいことを考えた人がいてね。シマウマの白い部分と黒い部分，太陽に当たるとどっちの温度が高くなる？

 白？

小菅先生 白い服と黒い服なら，黒いほうが熱くなるでしょう。

 ああ，はい。

小菅先生 シマウマもずっと太陽の下にいると，白い部分と黒い部分の温度差で体のまわりに風が起きるんだって。そうするとシマウマの体の上に小さな風のうずができて，すずしくなるっていうんだ。ところが最近，そんなことはないと。自然界には風があるんだか

動物

ら，そんなことですずしくはならないだろうってことになった。

 ふぅ〜ん。

小菅先生 で，アフリカにはツェツェバエといって動物の血をすうハエがいるの。人間もさされたら病気になったり死んだりするんだけど，それがシマウマにはあんまりよってこないらしい。だから，ツェツェバエがきらいなシマシマもようのあった動物が，シマウマとして残ったんじゃないかっていう説が，最近は有力なんだよ。

　動物っていうのは，すがたかたちからもようまで，すべてまちがいなく意味がある。そういう知識をただ勉強するだけじゃなくて，自分で動物園で見て，「なんでこんなふうになっているのかな」って考えてみるといいよ。ぜひおもしろい説を考えてみてください。

パート2　名言続出！おもしろ科学

動物

動物園はあるほうがいいの，ないほうがいいの？

> 小学6年生　女子

アナウンサー　動物園の動物たちはとじこめられていて，かわいそうだと考えているんですか？

　はい。

成島先生　これはいろいろな考え方があります。おじさんも，その動物園がせますぎたり手入れされていなかったりしたら，ないほうがいいと思います。でも，ちゃんとした場所で動物の習性にあった飼い方をしていて，動物もそこで安心していられるなら，動物園は**いまの段階ではあったほうがいい**と思います。動物園はみんなが世界中のいろいろな動物を見ることができる場所だからです。

　もちろんきれいな絵でていねいに説明してある図鑑もありますが，やはり本物の動物にはかないません。聞いた話ですけど，ゾウが大好きなお子さんがいて，お父さんとお母さんが本物を見に動物園に行ったんだって。そのとき，その子はどうなったと思う？

　本物のゾウを見てイメージが変わった？

成島先生　そうなんだけどね，あまりにも想像とちがうものだから泣いちゃったそうです。こんなに大きいのかって。本の中にいるゾウは小さいから，本物のゾウの大きさをイメージできなかったんだよね。これは動物園だからできることだと思います。

　ほかにも，大きさだけじゃなく，においや鳴き声などリアルなすがたを知ることはすごく重要で，本物と出会うことでその動物を守ろうという気持ちが芽生えるんだと思うんですね。

　もちろん，「これでは動物がかわいそうだ」と思われる飼い方はダ

メです。日本にはいろいろな動物園がありますが、ちゃんとした飼い方がされていない動物がいないわけではないので。そういうことはみんなで努力して変えていかなくてはなりません。

 もし動物園がなくなったらどうなるのですか？

[成島先生] 動物園の動物たちを自然に返すことになったら、その動物たちはまず生き残れないと思います。いままで飼育員さんからもらっていた食べものを自分でとらなきゃいけなくなるし、敵から身を守らなくてはいけなくなりますから、よほどちゃんとした訓練を受けないと自然にはもどれないでしょう。

動物

Q12

クジラは
なぜあんなに大きくなるの？

小学5年生　男子

 キリンの首が長くなったのは，高いところにある木の葉を食べるためという理由がありますが，クジラは大きくていいことがないような気がします。

小菅先生　大きくていいことはあるんだよ。まずひとつは，大きいとほかの動物におそわれないということ。たとえば，あの大きなゾウとおなじ場所には肉食動物のライオンもいるんだ。でもライオンはゾウをめったにおそわない。しかも大人のゾウはもっとおそわない。きみもあんまり大きい相手とはすもうをとりたくないよね。

 わかります。

小菅先生　それがいちばんいいことだね。あと，大きい動物のほうが長生きできる。ネズミとゾウをくらべるとわかりやすいんだけど，小さなネズミは，動物園でだいじに飼っても2〜3年しか生きられない。だけど，おじさんのいた旭山動物園で飼っていたゾウのアサコは，64歳まで生きたんだよ。

それから，クジラがどうしてあんなに大きくなれるかというと，水中にすんでいるからなの。世界一大きいクジラ，シロナガスクジラは平均体重が110トンもあるけれど，もし陸上でこんなに体重があると，自分の重さでつぶれて息ができなくなっちゃうんだよ。でも，海の中でういていたら自分で体をささえる必要がないから，海に生きるクジラはどんどん大きくなれるんだ。

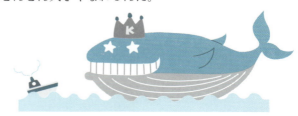

水中の生きものは
どうやって体重をはかるの?

小学5年生　男子

林先生　水中で生活している生きものはエラで呼吸しているから、水から出すと息ができなくなって死んでしまうよね。短時間だったら小さい体重計にのせてはかることはできるけど、元気な魚だったらビタンビタンはねて、正確な体重がはかれないかもしれない。

だから、たとえば金魚なら金魚の標本で体長や重さをはかって、集めたデータの平均値を出して、何センチくらいの大きさの金魚は何グラムくらいとか、そういうふうに推定するんです。

それと、イルカやカメのように肺で呼吸している生物もいるよね。イルカなんかは体にぬらした毛布をかけて、クレーンで持ち上げてはかりにのせてはかることができます。カメもおなじです。

　ぼくはサケとかブリとか、いろいろな魚の重さをはかりたいです。

林先生　そういう食用魚はデータがたくさんそろっているので、わりと正確に予想できます。でも、水族館で飼っているめずらしい生きものは、はかる機会がたくさんないので、データが集まらないんだよね。

あと、じつはいま、魚の体のいろんな部分をはかるステレオカメラというのがあって、そのカメラとコンピューターを組み合わせると、体重もはかれるそうです。

水の中に魚を入れたままはかる方法もあるんですが、浮力があるので、泳いでいる魚はちょっと数字が不正確になるんです。

水中の生物

Q14

魚の皮は防水ですか？
温度はわかるの？

小学3年生　女子

林先生　おじさん，**こういう質問を考えてもみなかった。**水の中にいるから絶対防水だと信じてたんだけど（笑）。おもしろい質問ありがとうございます。

　防水というのはどういうことかを考えると，服や紙に水がしみこまないように，特別なまくをはって水をはじいてしまう，この効果のことを防水っていうんだよね。

　ぼくたちの体も，たとえばおふろに入るとき，皮ふが防水でないと，水（お湯）が体にどんどん入りこんできちゃうじゃない。

　はい。

林先生　ぼくたちヒトの体も，魚の皮ふも，いちおう防水ができています。ただし，まったく水を通さないかというと，じつはそうじゃないんです。「しんとう圧」というのがあるんですが，藤田先生，説明をお願いできますか？

藤田先生　「青菜に塩」ってことば，聞いたことある？

　聞いたことありません。

藤田先生　そうですか。ホウレンソウやコマツナなどに塩をかけると，水分が出てくるんですよね。植物も動物も，体は細胞というものでできていて，その内側と外側で液のこさがちがうと，おなじようなこさになろうとして，水が細胞のまくをうすいほうからこいほうに移動する。これを「しんとう」といい，このとき働く力をしんとう圧といいます。

林先生　魚の場合も，たとえばコイやフナのような真水にすむ魚

の体液のこさは，外の水よりこいから，皮ふの細胞のまくを通して外の水が少しずつ入ってきちゃうんだよね。

 ほぉ〜。

林先生　そうすると体の中のよぶんな水を，一生けんめいおしっことして外に出すの。海の魚はその反対で，海水のほうが体液よりこいから，エラで塩分を取りのぞきながら，塩気の少なくなった水を体にほきゅうします。そして，さらに体の中にたまったよぶんな塩分を，おしっことして体から出すんです。そうやって体液のこさのバランスをとるんですね。

　だから，魚の皮ふは完全防水といっていいかどうか（笑）。

　それから，「温度がわかるか」という質問ですが，体の皮ふの中には温度の変化をとらえる感知器（センサー）があり，神経を通じて脳でちゃんと感じています。だから，自分のすみやすい水温の場所に移動することもできます。冬は深いほうへ行ったり，ぎゃくに浅いほうへ上がってきたり，温かい海や冷たい海へ行ったりと，そういうこともできるんですよ。

ミニコラム

こんなところに「しんとう圧」！

ナメクジに塩をかけるととけるといわれるのは，しんとう圧が働いて，体の中の水が外に出てしまって小さくなるからなんだ。キュウリのうす切りを塩でもむと，水が出てやわらかくなるのも，しんとう圧のためだよ。

Q15

海にかみなりが落ちたら魚は感電する？

小学3年生　男子

林先生　もし水にかみなりが落ちたら，どれくらい遠くまで電気が広がって流れるかは，あるていど決まっています。30メートルくらいまでといわれているので，落ちたところから**30メートル以内にいると感電してしまいます。**でも，30メートル以上はなれていればほとんど関係ないので，安全だといえますね。

　へえ〜。

林先生　かみなりの電気は，落ちたときにパーッと水面を流れるんですよ。このとき，水の中へはあまり流れていかないので，水面近くを泳いでいる魚のほうが，水の中にいる魚よりもダメージを受けやすいです。

　ですが，もし人間が泳いでいて，しかも水面から頭を出していると，落ちたところから30メートル以内であれば，人間の体や頭にかみなりの電気が流れてきてしまうので，これはあぶないよね。

　感電しちゃいますね。

林先生　ちょっと話はそれちゃうけど，もし海でかみなりの音が近くに聞こえたら，海から上がってくださいね。深くもぐっていれば感電しにくいけど，人間はそんなに長くもぐっていることはできないからね。

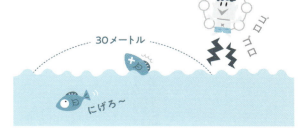

植物

Q16

植物に話しかけると
よく育つのはなぜ？

小学1年生　男子

田中先生　話しかけて、本当によく育つかどうか、ぜひやってみてほしいと思います。
　残念ですが、ふつうにおとなしく話しかけても、よく育つことはないんです。植物は、ことばがわからないからです。
　じゃあ、なぜ、「植物に話しかけるとよく育つ」といわれるのかですが、これは話しかける人が植物にさわることが多いからなんです。
植物はさわられると感じるんです。太く短くたくましく成長するんです。

へぇ～。

田中先生　なぜそうなるかというと、植物は、さわられると、たおされないようになるんです。だから、動物や人が横を通って、よくさわられる植物は、たおされないように、太く短くたくましくなるんです。
　植物にはたおれないようにする性質があるので、手でさわらなくても、強い風がわ～っとふくだけで、植物はたおされまいとして、太く短くたくましく成長するんです。
　だから、植物が「強い風がふいてるな～」と思うくらいの大声でいつも話しかけていると、もしかしたらよく育つかもしれませんね。いちど試してみてください。

パート2　名言続出！おもしろ科学

51

植物

アサガオはなんで支柱にまきつくの？

小学1年生　男子

田中先生　まきつく仕組みのことかな，それとも，まきついたらどんないいことがあるかって聞いているのかな。

仕組みです。

田中先生　わかりました。仕組みのことなら，3つに分けて考えてください。まずは，どうやって自分のまきつくものを見つけるかということです。

つるはまっすぐのびているように思えますが，じつは，つるの先は時計の針とは反対方向にゆっくりと回りながらのびていて，つかまるものをさがしているんです。そこで，棒やひもがあったら，それにさわるよね。これでまきつくものを見つけたわけです。

つぎに，まきつき方だけど，近くにえんぴつか棒か，なにかありますか？

あります。

田中先生　じゃあ，右手の人さし指をつるだと思って，内側をその棒に当ててください。つるというのはね，棒にさわったほうはあんまりのびないのです。そして，さわってないほう，つまり，指のツメのあるほうがギューッとのびる。そうしたらまきつくでしょう？

はい。

田中先生　これでまきつく棒を見つけて，まきつくまではわかったよね。最後は，ずり落ちないようにするくふうもしているのです。

こんどアサガオを見てください。つるに細かい毛がいっぱい生えています。その毛がどっちを向いているか。かならずみんな下向き

に生えているんですよ。ずり落ちないように。

　だから、アサガオのつるはかんたんにまきついているように見えるけれど、"まきつくものを見つける仕組み"を持っているし、"まきつく"という仕組みも持っているし、"ずり落ちないようにする"という仕組みも持っているんです。

アナウンサー　その毛は虫めがねなにかで見られますか？

田中先生　つるの毛なら肉眼（にくがん）で見られます。虫めがねはいりません。観察（かんさつ）してみてくださいね。

アサガオのまきつき方

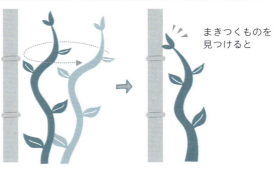

回りながら
のびて…

まきつくものを
見つけると

のびる

曲がって
まきつく！

のびない

パート2　名言続出！おもしろ科学

53

植物

Q18

ドクダミは なぜあんなにくさいの?

小学3年生 男子

田中先生 むかしの人はあのかおりに毒がたまっていると思って,「毒だめ」とよんだのです。それが「ドクダミ」の名前のもとです。だけど,さわやかないいかおりだっていう人も多いんですよ。

 でも,葉っぱがあまり虫に食べられていないようだったから,虫や動物にもくさいのかなと思って。

田中先生 あのかおりの成分はデカノイルアセトアルデヒドというんですけど,こんな名前覚えなくていいです。

あのかおりは,自分のところに虫や病気のもとになるバイキンがよってこないようにしたり,カビなどが生えないようにしたりするためのものです。この自分の体を守るためのかおりを,たくさんの植物もそれぞれ持っていて,これらをまとめた名前を覚えておいたほうがいいと思います。

いっぺん言ってみてください。フィトンチッド。

 フィトンチッド。

田中先生 そのフィトンチッドが虫やバイキン,カビから自分の体を守っているんです。ドクダミはくさいけど,むかしから人間は薬草として使ってきました。あんまりきらわないでくださいね。

成島先生 以前,ゾウの食欲がなくなったときにドクダミを食べさせたら,よろこんで食べてくれて,食欲が回復したことがありますよ。

植物

Q19

冬のキャベツは
どうしてあまいの?

4歳 女子

アキリ先生 冬以外のキャベツはどうかな?

あまくない。

アキリ先生 ちょっとあまみはあるけど,冬のほうがあまいよね。それはなんでかというと,キャベツの中にさとうとおなじようなものができているからです。

え〜!

アキリ先生 ちょっとむずかしいんだけど,キャベツの中には水がたくさん入っているよね。

うん。

アキリ先生 もし冬の寒さで,キャベツの中の水がこおっちゃったら,キャベツはかれてしまいますよね。それじゃこまっちゃうから,キャベツはこおらないようなくふうをしているんです。

ふつうの水より,さとうの入った水のほうがこおりにくいんですね。キャベツは,冬の寒さから自分を守るために,体の中にさとうをためて,体の中の水がこおらないようにしているんです。だから冬に畑からとってきたキャベツを食べると,ほかの季節よりもあまく感じるんですよ。

ふつうの水とさとうの入った水を用意して,どっちがこおりにくいか,おうちの冷蔵庫でためしてみてね。

パート2 名言続出! おもしろ科学

植物

ヒマワリのタネはどうしてたくさんできるの？

小学4年生　男子

多田先生　ヒマワリの花ひとつに，たくさんのタネができるのはなんでかっていう質問かな？

　はい。

多田先生　ヒマワリの花をよ～く見た？　さいているときに見るとね，まん中のほうはお星さまのような形をしたものがびっちりならんでいるんだよ。じつはこの星の形をしたものひとつひとつが，それぞれ小さな花なの。全体が大きなひとつの花に見えるけれど，本当はたくさんの花の集まりなの。

　へぇ～。

多田先生　外側にならんだ黄色い花びらも，あの花びら1まい1まいがそれぞれひとつの花なんです。ヒマワリの場合は，あの黄色い花びらが**「こちらですよ～，いらっしゃい」**と虫をよぶ，レストランの看板みたいなところなんだよね。で，まん中の小さい花がごちそうのみつを出して，虫が食べているあいだに体に花粉をつけて運んでもらい，ひとつひとつの花が実を結んで，たくさんのタネができるんです。

ヒマワリとおなじキク科のタンポポも，小さな花が集まってひとつの花に見えています。タンポポの花も1まい1まい分解してみると，花のつくりがよくわかると思いますよ。

ヒマワリのまん中。それぞれがひとつの花だよ

植物

Q21
どうして冬にさく花と夏にさく花があるの？

小学3年生　女子

多田先生　夏にさく花って，どんなのがあるかな？

ヒマワリやバラ，ラベンダーとかです。

多田先生　そうだね，夏には夏にさく花がいろいろあるよね。冬もツバキとかサザンカなどがさきます。春一番にはフクジュソウなどもさきます。
　花には，じつは虫とか鳥とか，お客さんが来るって知ってた？

はい。

多田先生　花がきれいにさくのは，虫や鳥をよんで，みつや花粉をごちそうするかわりに，花粉を運んでもらうためなのね。たとえば，アゲハチョウやハナムグリなんていう虫は，春から秋のはじめにかけてのあったかい季節にしかいないから，そういう虫に来てほしい花は春や夏にさくんですね。
　反対に，ヒヨドリやメジロなどの鳥は，冬になると虫がいなくなって食べるものが少なくなるから，花のみつを飲みに来るのね。だから，そういう鳥を相手にするツバキは，冬にさきます。
　あと，冬も成虫のままでいるハエとかハナアブなんていう虫もいて，それらを目当てに，ヤツデは冬，フクジュソウは春いちばんに花をさかせます。
　そのほかにも理由はいろいろあって，秋に実をつけたいから花は春にさかせようとか，風に花粉を運ばせるスギやケヤキなどは，花粉が風でよく飛ぶように，木の葉が芽ぶく前の早い春に花をさかせようとか，そういうタイミングの問題もあります。

パート2　名言続出！おもしろ科学

57

植物

Q22

赤い植物は光合成をしているのですか？

中学3年生　女子

塚谷先生　赤い植物で，どんなのを見たことがありますか？

名前はわかりませんが，家のまわりに植えてある，大人の身長くらいの木を見ました。

塚谷先生　たぶんカナメモチの園芸雑種ですね。新芽のときは赤いんですが，しばらくすると緑色になってきます。
　カナメモチにかぎらず，新芽が赤い植物はたくさんあります。モミジには新芽と紅葉のときが赤くて，緑色をしているのは夏だけという品種もあるんです。
　質問は「光合成をしているか」ということですが，答えは「少ししています」です。緑になるにつれ，しっかり光合成できるようになるんです。新芽がピンク色や白い植物もありますが，そういうものは光合成していません。

へえ〜。

塚谷先生　新芽の色がちがう理由は，ふたつ考えられています。ひとつは，新芽はやわらかくて食べやすいので，葉っぱが白やピンクのうちは苦い物質をためて，虫や動物に食べられなくしておき，葉っぱが大きくじょうぶになってから光合成するというもの。もうひとつは，新芽はやわらかくて弱く，強い紫外線をあびるといたんでしまうので，光合成する能力が弱いあいだは赤やむらさき色の色素でフィルターをかけているというものです。
　赤キャベツや赤ジソなど，葉っぱが大きくなっても赤い植物は，ちゃんと光合成しています。

植物

> ミニ図鑑

新芽が赤い植物

こんな形の葉っぱをさがしてみよう。
新芽の季節には赤い色をしているよ。

カナメモチの園芸雑種

3～4月ごろ，赤い生けがきを見つけたら，このカナメモチの仲間のことが多い。

ハンカチノキ

これは熱帯のハンカチノキで，若葉が特徴的。熱帯の植物園で見られるかも。

クロトン

いろいろな形やもようのある，美しい観葉植物。

オオバベニガシワ

丸くて大きな葉っぱが特徴。4～5月の新芽はよく目立つ明るい赤だけど，だんだん緑に変わっていくよ。

こんな植物もあるよ！

ハツユキカズラ

ハクロニシキ

> どちらも新芽はピンク色でそのあと白やクリーム色になり夏には緑色になるんだ

パート2 名言続出！おもしろ科学

59

植物

Q23

ウツボカズラは人間の指もとかしますか?

小学2年生 男子

ウツボカズラの中の液体(えきたい)に虫が入るととけてしまうので,人間も指を入れるととけてしまうんじゃないかと思いました。

塚谷先生　ウツボカズラのような食虫植物は「消化こうそ」といって,虫などをとかすものを出して,とけた虫を栄養(えいよう)にするんですけれど,そのこうそはそんなに強力じゃないんです。虫の大きさにもよるけど,何日もかかる。だから,人間が指をつっこんでも,**とけるまでがまんするのはたいへん**だと思います。

　ウツボカズラのつぼは,はじめはふたが開いてないんですよ。中に水をためた状態(じょうたい)でだんだん大きくなって,いよいよ虫がとかせるくらいたまったら,ふたが開くんです。なので,ふたが開く前や開いた直後の中の水はきれいなんです。

テレビで旅人が飲むって聞いた。

塚谷先生　のどのかわきをいやすほど飲むっていったら,たくさん飲まないといけないから,たいへんだと思います(笑)。

　あの水はウツボカズラの種類(しゅるい)によって味がちがうんですよ。すっぱかったり苦かったりします。植物は虫がとけやすくするための物質(ぶっしつ)なども出していて,それでいろいろな味がするんです。飲んでも口はとけませんから,だいじょうぶですよ。ただし,虫が入りはじめたら不衛生(ふえいせい)だからよくないと思いますけど。

オオウツボカズラのつぼは2リットル以上になるんだって!

植物

Q24

どうしてモモはチクチクするの?

小学1年生　女子

アキリ先生　モモの実がチクチクするの,ふしぎだよね。モモを近くでよ〜く見たことある？

　はい。

アキリ先生　皮に細かい毛が生えているでしょう。さわるとその毛が手にささって,チクチクするんだと思います。モモがあるとうれしくて,おじさんの場合なでなでしたら,指いっぱいに毛がささっていたかったことがあります。あらうと落ちるから,だいじょうぶだけどね。

モモに毛があると,どんないいことがあるか考えてみようか。まず,モモに水をかけたことある？

　あんまりないです。

アキリ先生　水をかけると,実の上を水がさらっとすべるように落ちちゃうんだよね。だから,実があまりぬれない。植物はじめじめしていると病気になりやすいけど,毛があるとそれをふせぐことができる。これがひとつめのいいことです。

それから,小さな虫がモモを食べようとしても,あの細かい毛がじゃまして食べにくいの。これがふたつめのいいこと。

ほかにもいろいろ考えられるけど,モモはあの細かい毛でチクチクして,自分の体を守っているんですよ。

パート2　名言続出！おもしろ科学

61

鳥

カッコウなどがたく卵せず自分で子どもを育てることはありますか？

中学3年生　女子

　ホトトギスやカッコウ，ツツドリ，ジュウイチなどが自分でヒナを育てることが可能かどうか，知りたいです。

アナウンサー　「たく卵」とは，ほかの鳥の巣に卵を産んで育ててもらうということですよね。

中村先生　いろいろな鳥の名前を知っているようですね，うれしいです。いま言った鳥たちはみんなカッコウ科の鳥ですが，おそらく自分では育てられないと思います。ずっと長い時間をかけて，たく卵するように進化してきていますから。
　卵の色をたく卵する相手の卵ににせているというのは知っているかな？　あと，生まれたヒナが，たく卵した相手の巣にあったほかの卵を，外に出してしまうのも知ってる？

　はい，知っています。

中村先生　しかもこの鳥たちは，卵を巣の外に出しやすいように，背中の形もそれにあわせて進化しています。だからおそらく，もう一度自分で育てるということはしないと思います。

　そうですか。

中村先生　そう。たく卵の相手にしていた鳥に気づかれて，たく卵した卵が取り出されるようになってしまったときでも，相手の卵にさらににているもように進化したり，たく卵する相手を別の種類の鳥に変えるということもしています。
　あと，たく卵にもいろいろなパターンがあって，自分とはちがう

鳥

種類の鳥にたく卵する鳥もいれば、おなじ種類の鳥にたく卵する鳥もいるんです。たとえばダチョウは、ほかのダチョウの巣に卵を産んで、卵を温めてもらうことがあります。カモの仲間やムクドリもおなじようなことをします。

たく卵というのはひじょうにおもしろい行動で、まだ研究が続いています。あなたもこれから調べてみるといいかなと思いますよ。

 鳥を研究してみたいなとは思っています。

中村先生 たのもしいですね。これからもぜひ野鳥に興味を持ち続けてください。

ミニ図鑑

カッコウと、たく卵される鳥

カッコウは20種類以上の鳥にたく卵するんだけど、たく卵相手の鳥はだんだん変わってきているんだって。

カッコウ

ホオジロ

江戸時代には、カッコウのおもなたく卵先だったけど、卵を見分ける力が発達したので、たく卵されにくくなった。

オナガ

30年くらい前から、たく卵されるようになった。

オオヨシキリ

川や池のまわりのアシ原にすむ鳥なのに、山にすむカッコウにたく卵される。

パート2 名言続出！おもしろ科学

63

Q26

鳥

フラミンゴに黄色いエサを あげたらどうなるの?

小学4年生　男子

フラミンゴのエサは赤いと聞いたことがあるんですが，ほかの色のエサだとどうなるのかなと思って。

川上先生　ひとつ聞かせてください。きみのかみの毛はどんな色ですか？

茶色っぽいです。

川上先生　じゃあ，茶色い食べものを食べなかったら，かみの毛はどんな色になると思う？

う〜ん，別の色になると思う。

川上先生　なると思う？　それじゃあ，黒いかみの毛の人が黒いものを食べないと，たとえば白いかみの毛になっちゃうと思う？

思わないです。

川上先生　なんでだろう。黒いものを食べなくても，なんでかみの毛が黒くなるんだろうね。わかるかな？

う〜ん…。

川上先生　ちょっとむずかしいかな。かみの毛も鳥の羽毛も，色がある理由のひとつは，色素といって色のもとになる物質が体の中にあるからなんだよね。だから，黒いものを食べなくても，体の中で黒い色を作ることができれば，かみの毛は白くなりません。

　でもフラミンゴの場合，あの赤い色を体の中で作ることができないので，食べものから取り入れるしかないんです。フラミンゴの場

合，プランクトンなどから赤い色素（しきそ）を取っているといわれています。そういうものを食べないと白っぽくなってしまいますが，それは赤い色についての話で，たとえば黒や黄色のものを食べても，体は黒や黄色にはなりません。

> ミニコラム

メイクする鳥たち

フラミンゴのこしのところには「尾脂腺（びしせん）」といって，あぶらを出すところがあるんだ。このあぶらの中に，食べものからもらった赤い色が入っていて，フラミンゴはそれをおけしょうするみたいに羽毛にぬることで，赤い体になるんだって。

トキという鳥も，首のところに黒っぽい粉（こな）を出す器官（きかん）があって，はんしょくの季節（きせつ）になるとその粉を体にぬりつけるんだ。ふだんは白い鳥なのに，その時期にははい色になっちゃうんだよ。

鳥

なぜ鳥には歯がないんですか？

小学2年生　女子

中村先生　すごくいい質問ですね。答える前にひとつ質問したいんですけど，鳥はなにから進化したと思いますか？

　恐竜。

中村先生　そうです，よく知っていますね。すばらしい。恐竜には歯があるかな？

　ある。

中村先生　あるよね。恐竜のときは歯があったんだけど，鳥になって歯がなくなりました。そのかわり，鳥の口にはなにがありますか？

　くちばし。

中村先生　そうですね。じゃあなんで口がくちばしになったのか。それはくちばしがすごく便利だからです。木の実をつついたり，虫をつかまえたり，長〜いくちばしなら，砂浜のあなの中にいるカニをつかまえることもできます。羽についたゴミや虫も取れるし，木の枝で巣を作ったりもできますよね。

あと，くちばしは歯より軽いんですよ。鳥は空を飛ぶから，少しでも体を軽くするためには，くちばしのほうが便利なんです。

　へえ〜。

中村先生　歯がないから食べものは丸のみするんですが，そのかわりに飲みこんだ小石を胃に入れておいて，食べたものをその石ですりつぶして小さくするという仕組みを持っています。

どうして鳥はは虫類から分かれて進化したの？

小学4年生　男子

川上先生　鳥の仲間は、は虫類から進化してきました。現在も生き残っているは虫類のうち、鳥にいちばん近いのはワニです。恐竜はワニの仲間から進化し、その恐竜から鳥が進化したんですよ。

そうなんですか。

川上先生　鳥が飛べるのはつばさがあるからで、それは二本足で歩くことができるからなんだよね。二本足になれたのは、じつは恐竜が二本足だったから。ティラノサウルスなど二本足で歩く恐竜の仲間から進化したので、鳥は前の手をつばさにすることができたの。

でも、じつはつばさも、飛び始める前の恐竜が持っていたことがわかっています。恐竜は飛ぶためより、求愛のためにつばさを使っていたといわれているけれど、二足歩行やつばさという、鳥が飛ぶために必要な条件は、すでに恐竜の時代にあったんだよね。

じゃあ、なぜ飛ぶようになったのかというと、じつはまだわかっていません。もし、きみのまわりに恐竜がいっぱいいたらどうする？

え〜っと、にげ場がなくなる。

川上先生　そうだよね、地面にいたらあぶなくてしょうがない。だから空を飛べるように進化したんだと、ぼくは思うんだ。でも、もしかしたらそうじゃないかもしれない。まだ「これだ」というしょうこがないんだよ。だから、**世の中なんでもわかると思ったら大まちがいだ！**　ということを、覚えておいてください。

Q29

恐竜

わたり鳥がいるように「わたり恐竜」もいたの?

小学2年生　女子

小林先生　「わたり」ってなんだろうね。

おなじところにいるひとつの種の動物が，まとめてどこかに引っこすことだと思う。

小林先生　そうだね，どこかにうつることだよね。じゃあ，引っこしするのは好き?

したことないけど，なれない子がいるのと，いまの友だちがいなくなるのが，ちょっとイヤかな。

小林先生　さびしいでしょ?　できればあんまり引っこしたくないよね。じゃあ，なんで動物たちはわたりをするんだろう。

ハクチョウは子育てのためにわたるって聞いた。夏は北のほうで卵を産んで，子どもが飛べるようになったら日本まで来る。北のほうは寒いからかな?

小林先生　なるほど。子育てとか，あと食べものもあるよね。たとえば，エサを食べつくしちゃったら，よそにさがしに行かなきゃならないでしょう?　そういう意味では恐竜にかぎらず，いろいろな動物がわたりをすると思います。

　で，質問の答えだけど，「わたり恐竜」はいたといわれています。カマラサウルスという恐竜は知ってる?

竜脚類。竜脚類にしてはふつうの大きさ。

小林先生　よく知ってるね。大きい恐竜なんだよね，竜脚類って。カマラサウルスは300キロくらい移動したといわれています。300

68

キロも歩くのって、たいへんだよね。それはたぶん、食べものや水をさがして行ったり来たりしていたんだろうと考えている研究者がいます。

 どうしてわかるんですか？

小林先生 歯はどんどん成長するから、恐竜の歯を調べると、どんな場所で、どのくらいのあいだ生活していたかというのがわかるんですよ。カマラサウルスは、夏になるとかわいて食べものがなくなる低地から、約300キロメートルはなれた高地のほうへ行き、冬になるとまた低地へもどっていたらしい。季節ごとに水やエサを求めて移動していたあとが、カマラサウルスの歯に残っていたんです。

これがカマラサウルスだけのこととは考えにくいので、たぶんほかにもわたりをしていた恐竜がいると思うし、当然しなかった恐竜もいると思います。

恐竜

恐竜はたく卵することが
ありますか？

中学2年生　女子

　北海道大学のシンポジウムに参加したとき，恐竜は鳥みたいに抱卵するタイプと，カメみたいに産卵したままにするタイプがいると聞いたので，カッコウみたいにたく卵する恐竜はいないのかなと思いました。

小林先生　なかなかおもしろい質問ですね。たく卵って，卵をほかの動物の巣に産むわけだよね。その利点は何だろう。

　う〜ん，子どもを残しやすいとか。

小林先生　たく卵される側の恐竜が卵を守ってくれないと，カメみたいに産みっぱなしじゃ，たく卵する意味があまりないよね。そうすると，あるていど自分の巣を守る種がいれば，たく卵ということが起きていたかもしれません。
　ただ，化石からはたく卵のしょうこが見つかっていないんですね。恐竜の巣の中にワニの卵がまざっていた例はあるけど，そのワニの卵がたく卵なのか，たまたま流れこんだのか，けっこうむずかしい。

　あ〜。

小林先生　たく卵のしょうこをさがすとしたら，親が卵を温めていたと考えられているオビラプトルやドロマエオサウルスの仲間や，温めはしないけど見守っていたと考えられているテリジノサウルスの仲間の巣だと思うんだけど，残念ながらいまのところは，たく卵をしていたというしょうこは残っていません。

恐竜

Q31

いちばん強い恐竜はなんですか？

小学2年生　男子

　ぼくはアルゼンチノサウルスだと思います。40メートルもあるからです。

小林先生　恐竜の中でも最大級だけど，植物を食べている恐竜だよね。そのアルゼンチノサウルスとおなじころに，ギガノトサウルスという肉食の恐竜がいたんだけど，大きさは10メートルくらいだから，アルゼンチノサウルスと1対1で戦ったら，アルゼンチノサウルスが勝ったと思う。でも，アルゼンチノサウルスに，そのギガノトサウルスが何頭も力をあわせておそってきたら？

　…負けてしまうかな。

小林先生　マプサウルスという恐竜もおなじころにいたきょうぼうな肉食恐竜で，集団で生活していたんだ。体は小さくてもきょうぼうな肉食恐竜たちがみんなでおそったら，アルゼンチノサウルスもかなわないだろうね。それに，**最強の恐竜は超肉食のティラノサウルス**だから。

　ただ，6,600万年前にぜつめつしたといわれる恐竜だけど，いまも生きているのがいるよね。なんだっけ？

　鳥？

小林先生　そう。生き残った鳥が最強というのはどうでしょう。

川上先生　そうですね，**どんな恐竜より強かったのは鳥**だって，覚えてもらっていいんじゃないですかね。

小林先生　いや，やっぱりティラノサウルスが最強です（笑）。

パート2　名言続出！おもしろ科学

71

Q32

恐竜

ティラノサウルスには毛が生えていたの？

小学4年生　男子

小林先生　これ，ティラノサウルスっていうのは，ティラノサウルス・レックスという，ひとつの種類のこと？　それともティラノサウルス類全体のことかな？

　全体のことです。

小林先生　じつはこれ，先生もよく聞かれるんだけど，生えている・生えていないで意見が分かれているんだよ。
　ティラノサウルスの仲間って，基本的に体が大きいでしょう？　体が大きくなると，熱がこもりやすくなってしまうの。だから以前は，ティラノサウルスには毛が生えていないといわれていました。
　でも，ティラノサウルスの先祖にディロングというのがいて，それは2メートルくらいの小さい恐竜だったんだけど，毛がびっしり生えていたことがわかったんだ。

　うん。

小林先生　じゃあ，先祖には毛が生えていたけど，進化して体が大きくなったら熱がこもりやすくなって，毛がなくなったんだろうなと思っていたら，こんどはユウティラヌスという恐竜の化石が出てきたんだよ。これはティラノサウルスの仲間で，大きいけれど毛が生えていたの。だから，ティラノサウルスにも毛が生えていたかもしれないという話になってきた。
　ところが，ティラノサウルス・レックスの皮ふのあとの化石が出てきたんだ。調べてみると，首とこし，しっぽの部分にウロコのあとがあった。だから，ティラノサウルスの体の大部分はウロコでおおわれていて，毛がなかったということになったの。でも，体全体

恐竜

が見つかったわけじゃないから、ほかの部分に毛が生えていたかどうかは、まだわからないんだよね。

 そうなんだ。

小林先生 個人的(こじんてき)には、たぶん**生えていたのもけっこういた**んじゃないかなと思います。というのは、アラスカという寒いところからもティラノサウルスの化石が出ているのね。すごく寒いところでは毛がないと生活できないんだよ。だから、毛の生えたティラノサウルス・レックスもいたんじゃないかと考えています。

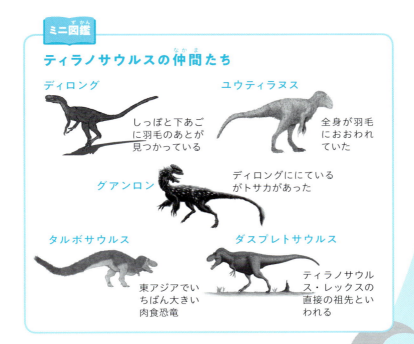

ミニ図鑑(ずかん)

ティラノサウルスの仲間(なかま)たち

ディロング
しっぽと下あごに羽毛のあとが見つかっている

ユウティラヌス
全身が羽毛におおわれていた

グアンロン
ディロングににているがトサカがあった

タルボサウルス
東アジアでいちばん大きい肉食恐竜

ダスプレトサウルス
ティラノサウルス・レックスの直接の祖先といわれる

パート2 名言続出! おもしろ科学

Q33

恐竜

ティラノサウルスはどうやって体温調節したの?

小学2年生 男子

 ステゴサウルスは背板で体温調節をしていると、本で読みました。でも、ティラノサウルスやトリケラトプスのように、背板がない恐竜がどうやって調節していたか知りたいです。

小林先生 そうだね、ステゴサウルスには大きい板が背中についているし、スピノサウルスにはほのようなものが背中にあるよね。これらは体温調節やおしゃれに使われていたといわれます。

竜脚類のアルゼンチノサウルスやアパトサウルスらは、首やしっぽが長いのがとくちょうです。かれらに背板はありませんが、その長い首やしっぽで体温調節していたと考えられています。だから、背板がなくても体温調節はできるんだよね。

ではティラノサウルスたちはどうかといわれると、**正直わかりません。** ひじょうにいい質問なんですが、じつは困っています（笑）。

恐竜は体が大きくなると熱がこもってしまうので、体温をにがさなければなりません。でも、ティラノサウルスはわりと北のほうにすんでいたので、むしろ熱をにがしたくなかったと思いますから、体温調節はいらなかったかもしれません。

 恐竜の体温って何℃くらいですか？

小林先生 体の大きさによってちがいますが、恐竜によっては30℃、そこそこ温かい恐竜だと40℃くらいあります。

あたたかいところにいる大きい恐竜の体温調節については、あまり考えたことがないので、わたしも調べてみたいと思います。

科学

Q34

えんぴつの字は
なぜ消しゴムで消えるの？

小学1年生　女子

竹内先生　紙にえんぴつで字が書けるのは，紙の上にえんぴつのしんの黒いつぶつぶがくっつくからなんです。これは虫めがねやけんび鏡（きょう）で見るとよくわかりますよ。

　それがどうして消しゴムでこすると消えるかというと，そのつぶつぶが消しゴムにくっついて，紙からはなれてしまうからなんです。消しゴムで消すとカスが出るでしょう？　あのカスをよく見ると，紙からはなれた黒いつぶつぶがふくまれています。だから，字が本当に消えたのではなく，紙の上にあったえんぴつの黒いつぶつぶが，消しゴムのほうにうつっただけなのです。

　あなたが使っているのはプラスチック製（せい）ですか，ゴム製（せい）ですか？

ゴムです。

竹内先生　ゴムの消しゴムは，紙の表面ごと少しけずり取ります。プラスチックのほうは黒いつぶつぶを包（つつ）みこむようにして取るので，紙をいためにくいですよ。

パート2　名言続出！おもしろ科学

75

科学

リニアモーターカーは
なぜ速く走れるの？

小学6年生　男子

リニアモーターカーは磁石でういているだけなのに，なんで新幹線より速いのかなと思いました。

竹内先生　新幹線には車輪がついていて，レールの上を走りますよね。ということは，車輪がレールをおすんです。そのとき，まさつというのがあるせいで，あるていどより速くは走れないんですね。

なるほど。

竹内先生　新幹線より，空を飛んでいる飛行機のほうが速いですよね。じつはリニアモーターカーは飛んでいるんです。ガイドウェイという通り道と，車体の両わきに磁石がとりつけてあって，磁石のS極どうしやN極どうしが反発する力を利用しながら，車体を10センチくらいうきあがらせて走ります。ういて飛んでいるから速いというわけです。

ふつうに前に進むのはどうしてですか？

竹内先生　それはS極とN極を交代に切りかえていくからなんです。N極とN極を反発させて前に進めると，その先がS極になっていて，こんどはN極とS極で引っぱりながら前に進める。これをくり返してうまくコントロールしながら，前に進めています。
　磁石といってもふつうの磁石じゃありませんよ。リニアモーターカーで使われているのは「超電導磁石」という，電気をうまく使ったすごく強い磁石なんです。その力で新幹線よりずっと速く，飛ぶように走ることができるのです。

76

科学

リニアモーターカーの仕組み

○うかぶ仕組み

S極とN極が引きあう力が車体を持ちあげ、おなじ極どうしが反発する力が車体をおしあげて、うきあがらせるんだ。

○進む仕組み

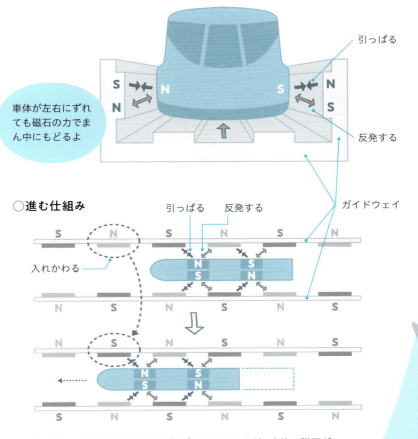

ガイドウェイの磁石はS極とN極が入れかわるんだ。車体の磁石が引っぱりあう力や反発する力を利用して、車体は前に進むよ。

パート2 名言続出！おもしろ科学

77

Q36

科学

人間がぜつめつしても
生き残る生物はなんですか？

小学1年生　男子

藤田先生　ちょっと聞きたいんですけど，人間がぜつめつするとしたらどんなときだと考えていますか？

人間が車を使いすぎて，はい気ガスがふえて，地球が温暖化して，いん石がしょうとつして，酸性雨がふったとき，です。

藤田先生　それはとても深い問題ですね…。
きみはどんな生きものが生き残れると思いますか？

ハイギョなら生き残れると思います。

藤田先生　ハイギョですか。「生きている化石」ともいわれる，生命力の強い魚ですね，なるほど。
　わたしはですね，最後まで生き残るのは，きっと細菌じゃないかと思うんです。ものすごく深い海の底や，温度がすごく高いところや低いところにも，細菌はいますし。酸素がないとたいていの生物は生きられませんが，**酸素が少ないところでも生きていける細菌がいる**んですよ。
　わたしだけでは心もとないので（笑），昆虫の清水先生にもお聞きしてみましょう。

清水先生　いん石がしょうとつしたら，ちりが大量にまいあがり，太陽の光をさえぎって，地球の温度が下がると思うのね。昆虫は大きなダメージを受けるだろうけど，昆虫って数も種類も多い生きものだよね。だから，中には生きのびるのがいるかなとは思います。昆虫は小さいし，寿命が短いから，世代交代のサイクルが早くて進化しやすい。すむ条件が悪くなっても自分たちの体を変えていきやすいので，どの種類が残るかはわからないけれど，昆虫の中から生

科学

き残るものが出てくるかも、と思っています。

アナウンサー そうなったとき、植物はいかがでしょうか、塚谷先生。

塚谷先生 いん石がぶつかって太陽光がさえぎられてしまうと、植物もけっこうダメージを受けます。太陽光がささない期間が長引くと、かなりの植物がぜつめつするでしょうね。でも、光が当たる場所が少しでもあれば、そこで植物は生き残ると思います。

アナウンサー いろいろな角度から、先生方に答えていただきました。ぜひ参考にしてくださいね。地球の未来について、これからも考えてね。

科学

Q37

死んだカエルを化石にできますか?

小学2年生　男子

アナウンサー　カエルは家で飼っていたの？

　だいぶ前に見つけて飼っていて、5日くらい前に死んでしまったのがいるんです。

藤田先生　いっしょにたくさん遊んだから、ずっと近くにいてほしいな、と思ったのですね。化石にして置いておけば、いつでも思い出せると考えているかもしれませんが、じつは**化石になるにはとても長い年数がかかる**んです。だいたい1万年くらい。残念だけど、人間が生きていられる年数ではありませんね。
　博物館かどこかで、恐竜の化石を見たことありますか？

　うん。

藤田先生　あれも10年前、100年前のものではなく、もう何千万年もかかってできたものなんです。
　じつは、骨のあるすべての生きものが化石になるとはかぎりません。条件のよかったものしか化石として残ることができないんですよ。化石になるためには、川や海の底などで、なおかつちょうど流れが弱いところに積み重なる必要がありますから。だから、きみの飼っていたカエルは化石にはならないでしょう。
　化石のかわりに、骨格標本にしてはどうですか？　筋肉などのやわらかい部分を取りのぞいて、骨だけにするのです。科学館や博物館でつくり方を教えてくれるイベントもあるようですから、体験できるかもしれませんよ。

科学

Q38

雪のときより雨のほうが寒く感じるのはなぜ？

小学6年生　女子

藤田先生　人間が寒さを感じる原因って，どんなものがあると思いますか？　まずひとつは気温ですよね。これはだれでも感じます。そのほかにどんなのがあると思います？

う～ん，雨だったらぬれたりするし，そこに風もきたら寒く感じます。

藤田先生　そうですね，風が強くふくと寒く感じてしまうんですよね。だいたい，**風速1メートルの風に当たると，人間が感じる温度は1℃下がる**といわれています。それに，ぬれると熱をうばわれて，当然寒く感じてしまいますよね。

　雪のふるような季節に外に出るとき，しっかりまかなっていくでしょう。…ああ，北海道では服をたくさん着こむことを「まかなう」って言いますよね(笑)。

はい（笑）。

藤田先生　そういうこともあって，雪の日はしっかり着ていくからそんなに寒さを感じないということがあるかもしれません。気温が高くて雨がふっていても，風がふいている場合は，より寒く感じるというようなことがあるかもしれません。

　それから，北海道では「雪がしんしんとふる」と表現するような，風もなく雪がまっすぐ空から落ちてくるような日がありますよね。そういうときは，雨の日よりあたたかく感じることもあるでしょう。

パート2　名言続出！おもしろ科学

81

Q39

天文・宇宙

宇宙に空気をばらまいたらどうなるの?

小学4年生　男子

宇宙に水をばらまいたら，水のつぶになってふわふわうくけど，空気はどうなるのか気になった。

本間先生　おもしろい質問ですね。答える前に，きみはどうなると思うかな？　…むずかしい？

はい。

本間先生　宇宙に空気をばらまいたら，本当にバラバラになって，散り散りになって，なくなっちゃいます。それが答えですね。
　というのは，空気って小さな「原子」っていうつぶでできているのは知ってるかな？

はい。

本間先生　目には見えないけれど，空気はつぶつぶなんです。そのつぶつぶが，宇宙ではバラバラに飛んで行けるようになるんです。
　水は液体で，おたがいに引っぱりあう力が働いて，自分自身で丸くなろうとするので，国際宇宙ステーションでの実験のように，丸くとどまっていることができます。でも，空気のつぶつぶにはそういう力がないので，てんでバラバラになってしまう。

想像していたのとちがった…。

本間先生　空気もかたまっていられると思ったのかな。でも，水と空気ではちがうんですよ。宇宙は真空で，なにもない空間なので，空気のつぶはどこに行ったかわかんなくなっちゃうんです。

82

天文・宇宙

Q40

1光年はどのくらいの速さですか？

小学5年生　男子

　本でベテルギウスまでのきょりは500光年と書いてあったので，気になりました。

国司先生　ベテルギウスというのは，オリオン座のかたのところにあるオレンジ色の星ですね。

　1光年というのは速さの単位ではなく，きょりの単位なんだよ。宇宙でいちばん速く進む光が，1年かかって進むきょりを「1光年」とよぶの。だから速さじゃないんだよね。

　光が1秒間にどのくらい進むか，聞いたことある？　…地球を何回りするとか，聞いたことない？

　地球を…，聞いたことないです。

国司先生　光は1秒で約30万キロメートルまっすぐ進みますが，そのきょりは地球を7回り半するのとおなじです。光が1年に進むきょりを計算すると，かけ算だからわかるかな。60秒が1分，60分が1時間，1日は24時間，1年はだいたい365.2422日だから，30万キロメートルに60×60×24×365.2422をかけると，1光年の長さになります。計算すると，**約9兆5,000億キロメートルが1光年**だと覚えてください。

　ということは，ベテルギウスはそれの約500倍も遠くにあるっていうことになります。すごいよね，宇宙はずいぶん遠くまで星があるんだね。

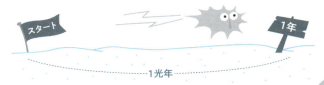

パート2　名言続出！おもしろ科学

天文・宇宙

Q41 138億年前の宇宙誕生の前にはなにがあったの?

小学5年生 男子

国司先生 じつは,宇宙が始まる前は,なんにもなかったんだって。

 なんにもなかった…?

国司先生 「宇宙」を辞書でひいてごらん。**宇宙っていうのは,この世の中のすべてのものを指すことば**なんです。そのすべてができる前だから,やっぱりなんにもなかったの。
　宇宙にくわしそうだから知ってると思うんだけど,宇宙っていま,広がっているのかな,ちぢんでいるのかな?

 ああ,ぼうちょうしています。

国司先生 そう,宇宙は広がっています。わたしたちの地球から遠い天体を見ると,どんどん遠ざかっているんだって。その遠ざかるスピードは,あ,スピードの計算したことある?

 …あんまりやったことないですね。

国司先生 時速100キロの車で1時間走ると,100キロ先に行けるよね。

 ああ!

国司先生 そうやって,時間ときょりから広がるスピードをぎゃくに計算すると,宇宙がいつ始まったのかわかってきます。それが138億年前のことで,宇宙はビッグバンという大きな爆発で広がってきたということがわかったんだよね。
　その爆発の前はどういう状態だったかというと,宇宙のすべてのものが,針の先の点より,もっともっと小さいところに集まってい

たんだって。

 えっ！

国司先生　ちょっと信じられないよね。すべてがギュギュッと，物質がぜんぶ集まったような状態だったんです。それがなにかのきっかけではじけて，宇宙が広がり始めたんだって。宇宙空間とかいうでしょう。空間ってわかる？

 わかります。

国司先生　その空間がだんだん広がっていくので，空間のないところにはなにも存在できないんだって。だから，宇宙が始まる前は，どうやらなにもなかったらしい，ということがわかっているんです。
　遠い宇宙のことも，ぜひいちど研究してみてください。

はい！　宇宙が果てしなく広がっていることは知っていましたが，さらに興味深くなりました！

Q42

天文・宇宙

アームストロング船長は本当に月面におりたの？

小学3年生　男子

月面の写真で旗がなびいていたので，空気がないところではなびかないはずだから，なんでだろうと思いました。

永田先生　むかしからいろいろな人が「旗が空気のある場所のようなゆれ方をするのは，おかしいんじゃないか」って言っていたんですけれども，本当に月面におりたんです。実際に真空で実験してみると，旗はなびくというよりもゆれるんです。空気がじゃまをしないので，月の上では地球よりもゆれやすく，いちどゆれ始めたらなかなか止まらないんですよ。

ふ〜ん。

永田先生　これまで旗はあわせて6本立てられました。そのうち，アームストロング船長のアポロ11号が立てた1本は，着陸船のエンジンのふんしゃで飛んでしまったそうですが，それ以外の旗は，月のまわりを飛ぶ無人の探査機が実際にさつえいして，ちゃんと位置を確認しているんです。これは決定的なしょうこですよね。

さらに，月の地震を調べる月震計というものを置いてきましたし，月の石も持ち帰ってあります。だから，アームストロング船長が月におりたったというのは，本当なんです。

アメリカ国旗と着陸船の外で活動するアームストロング船長

Q43

月に気温はありますか？

小学1年生　男子

 本で「太陽よりは月の温度は低いけど、月に温度はあります」と見たことがあるんですが。

本間先生　答えから言ってしまうと、気温はありません。なぜかというと、月には空気がないからです。空気がないってわかるかな？

 はい。

本間先生　ぼくたちは地球にすんでいるので、空気があって、空気をすって呼吸しています。外に出ると空気が体に当たるから、風を感じます。風が冷たいと「ああ、気温が低いな」とわかるわけですけれど、月の上には空気がないので、気温はないんです。

　ただし、地面の温度はちゃんとあります。地球の上でも地面にさわると、夏なら熱いし、冬はこごえるほど冷たいと思います。それとおなじように、月にも地面の温度はあります。

　地球と大きくちがうのは、月の上に太陽が当たっているとき、地面の温度は100℃くらいになるんです。**ほんとにアッチッチです**。太陽が当たらないときはマイナス170℃くらいで、水もこおるどころか、本当にこごえるような世界なんです。だから、気温はないけど、地面の温度はある。月はそういう世界です。

パート2　名言続出！おもしろ科学

Q44 宇宙人のいそうな星は見つかっていますか？

小学4年生　男子

永田先生　いそうな星は見つかっているんですよ。2017年2月にも，生きものがいるかもしれない系外惑星を7つ，39光年くらい先で見つけたと，NASAが発表していました。
　そんなふうに，生きもののいそうな星は最近いくつも発見されているんですけれども，「これがないと生きものが生きていけない」というものは，なんだと思いますか？

液体の水があったり，温度がちょうどよかったりとか。

永田先生　まさにそのとおりです。水もこおっちゃうと飲めないし，だから，ちょうどいいかんきょうが必要ですよね。夜空で光っている星は，じつは太陽みたいに燃えている恒星なので，生きものはすめません。ということは，宇宙人がいそうな星は…。

惑星とか？

永田先生　そうそう。最近は太陽系以外に惑星がけっこう見つかっているんです。ただ，そこに生きものがいるなら，知的生物とよばれる，いっしょにお話ができる生きものがいてほしいよね。そのためには，ただそのかんきょうがそろっているだけではむずかしいんですよ。地球も，恐竜がいたくらいの時代だと，そこに宇宙人からメッセージが来ても，だれも答えられないでしょう。

ああ〜！

永田先生　だから，やっぱり星の中であるていど進化した，ことばや文字を持っている頭のいい宇宙人がいそうでないとダメなのね。でも，地球にこんなにたくさんの生きものがいるということは，ど

こかに宇宙人はいるんじゃないかなって，わたしは思うんです。
　宇宙人がいそうな星に電波を送って返事を待つという取り組みは，もう始まっています。電波望遠鏡って知ってる？

 はい。パラボラアンテナで電波が返ってくるか調べて…。

永田先生　そうそう。それで電波を送って，向こうからやってくる電波もキャッチしようと，さがしているんです。

　でも，たとえば39光年先の生命のいそうな星に電波を送っても，片道39年かかっちゃうんだよね。そうすると，返ってくるまで78年。すごい時間がかかるよね。だから，**宇宙人と会うためには地球にいるわたしたちが平和でくらしていることが必要**なんです。だって，大きな戦争があったら，せっかく宇宙人から電波が返ってきても，だれもキャッチできないよね。

 意味がない。

永田先生　そうだよね。だから，宇宙人をさがすためには，同時に地球をこれからも平和な星にすること，地球のかんきょうをこわさないことが，すごく大切なんだと，わたしは思います。

Q45 ブラックホールは最後どうなるんですか?

小学4年生 男子

本間先生 これはいろんな研究者がいろんなことを言っていて、なかなか答えがはっきりしない問題なんだけど、いまの段階で言えることは、最後までひたすら太り続けるということです。ブラックホールって重力が強くて、なんでもかんでもすいこんじゃう天体だよね。で、すいこむとますます重力がつよくなって、またすいこんで。それのくりかえしなので、基本的にはどんどん太っていって、もしまわりにすいこむものがなくなったら、それでおしまい。これがいまの、標準的なブラックホールの運命なんです。

ところが、最先端の研究では、ブラックホールをほっておくと蒸発して、消えてなくなるという説があるんです。

 えっ？

本間先生 なんかおかしいでしょう（笑）。ホーキングっていう科学者の名前、聞いたことあるかな。

 なんとなくあります。

本間先生 車いすに乗った科学者として有名だったんですけど、そのホーキング博士が言ったんです。「ブラックホールは温度を持っているから光を出す。光を出すからどんどんエネルギーを失って、最後には蒸発してなくなる」とね。

これはしょうげき的な話で、ぼくも、いろんな研究者も興味を持っているんだけど、この説が正しいかどうかはまだたしかめられていません。なぜなら、ブラックホールが消えてなくなるまでにかかる時間があまりにも長すぎるんですよ。

太陽とおなじ重さのブラックホールが消えてなくなるまで、なに

もすいこませず，静かに置いておくと，ホーキングの説が正しいとして，蒸発するまでに宇宙の年齢より長い時間がかかっちゃうんですよ。いまのところはブラックホールが消えてなくなる現象が観測されていないので，その説が正しいかどうかわからないんです。

　まあ，ホーキングの説を置いておくと，ぼくらが知っているはんいでは，ブラックホールはただ太り続ける。もしかすると教科書が書きかわるようなことが起きるかもしれないけど，それは今後の研究しだいですね。

 ぼくは，星みたいに爆発してなくなるのかと思っていたけど，蒸発するっていう説があったのにはびっくりしました。

本間先生　星みたいに爆発することはむずかしくて，たとえば，ブラックホールどうしがぶつかることもあるんだけど，そうなってもやっぱりまた別の大きなブラックホールになっちゃうんだよね。

スティーブン・ホーキング博士と，世界で初めてさつえいされたブラックホールの写真

Q46

ロボット・AI

どうしてアルファ碁は強いの？

小学3年生　男子

ぼくは囲碁教室に通っているので，自由研究で囲碁の世界ランキングを調べてみたんです。そうしたら，アルファ碁が人間に勝って1位になって，さらにアルファ碁が強すぎたので世界ランキングからぬけたと聞いて，なんで強いのかなと思いました。

高橋先生　アルファ碁というのは，グーグルという会社が作った囲碁をする人工知能ですね。

　人間が囲碁や将棋，トランプなどをするとき，まず「こうなったら勝ちです」というルールがあります。そして，だんだん有利に進んでいるな，自分は勝ちそうだなとわかったりしますよね。たとえば，トランプだったらいっぱいカードをとったとか，いい札を持っているとか。いままでは「こういうふうになっていくと有利ですよ」ということを，事前に人間がコンピューターに教えてあげていたんです。囲碁だったら，プロの棋士が「こうなっていったらいいですよ。そのためにはこういう打ち方をすれば，自分が勝てる展開にできますよ」という情報を，事前にあげていました。だからコンピューターは，人間から教わったとおりに勝てる方法で，有利になっていくようにゲームを進めていたんです。

　ところがアルファ碁は，**どうやったら勝てるか自分で考えられる**ようになりました。人間が知らない打ち方，人間が見たこともない石の置き方を，どんどん考え出していったんです。

　もうひとつ，アルファ碁が強い理由は，自分対自分で何回も練習試合をしたからです。きみは何回くらい対局したことがある？

3回くらいです。

高橋先生 アルファ碁は自分対自分で数千万回も練習試合をして，どんどん強くなっていきました。どんな名人よりもたくさん練習しているので，さらに強くなったというわけです。いまでは，そのコンピューターが考えた新しい碁の打ち方や作戦を，人間が教えてもらって勉強する時代になったんです。

 練習した数が多いんですね。

高橋先生 けたちがいに多いです。というわけで，アルファ碁はオリジナルの新しい戦略を生み出す力と，練習によって進化する力をかねそなえているから，こんなに強いんです。さらに今では他のボードゲームでも，基本ルールだけ教えればすぐに人間より強くなるそうです。

ミニコラム

引退後のアルファ碁は？

アルファ碁は，もともと囲碁のためだけに開発された人工知能じゃないんだ。ゆくゆくは病気を発見したり，使うエネルギーが少なくてすむシステムを作ったりするための，研究の一部だったんだって。これからどんな役に立ってくれるのか，楽しみだね。

Q47

ロボット・AI

鉄腕アトムみたいな
ロボットはいつできる?

小学4年生　女子

高橋先生　見た目だけ，アトムに近いデザインのものは作れます。でも，マンガやアニメで活躍しているように，活発に，スムーズに動き回ることはむずかしいのです。

　それから，アトムのようにかしこいロボットは，いまはできません。まだ人間のように会話ができないし，かしこく考えて動くこともできない。**いまの人型ロボットは，せんたくものひとつたためない**んですよ。

　えっ，そうなんですか!?

高橋先生　せんたくものをたたむのは，ロボットにとってはたいへんなんです。いろんなせんたくものがまざっていると，それがタオルなのかTシャツなのか，どこをつかめばいいか，前はどっちかなど，人間には当たり前のことも，ロボットに判断させるのはとってもむずかしいんですよ。

　ひとつひとつそれぞれむずかしいので，なんでもできるロボットを作るのはほぼ不可能かもしれません。それに，そんなロボットができても，同時にいろいろなことはできませんよね。たとえばそうじが終わらないとせんたくしてくれないし，ごはんだってつくってくれないわけです。

　でもロボットは，決まった作業をするのは得意なんです。テレビやパソコン，そうじ機やせんたく機など，ぜんぶバラバラですよね。ロボットもぜんぶひとつにまとめてしまうのは，あんまりいいアイデアではないかもしれません。だから，なんでもできるアトムではなくて，お話をするロボット，そうじロボット，かしこく進化した家電製品などが助け合いながら働くようになるでしょう。

ロボット・AI

Q48

人工知能は感情を持ちますか?

小学4年生　女子

 テレビで話題になっていたので，気になりました。

坂本先生　人工知能は囲碁や将棋で人間に勝ってしまいましたね。人間なら，勝ったときうれしくて「やった～！」とよろこびますが，そんなことをする人工知能は見たことありませんよね。

 はい。

坂本先生　それがまさに感情なんですが，人工知能が人間とおなじように，よろこんだり笑ったりという感情を持つのはむずかしいといわれています。

　一方，人工知能に泣いたり笑ったりという顔の動きをさせる研究は，もう始まっています。たたかれたら泣くとか，「こうなったらこういう反応をする」と決めておくことで，まるで感情を持っているかのような動きをさせるんですね。

 へえ～。

坂本先生　でも，それは人工知能が本当にいたいと感じたり，悲しいと感じたりして泣いているわけではありません。人間の感情とはちがうと思います。

　人間はどういうときに悲しむか，どういうときによろこぶかを学習させる研究はありますが，笑いたいのにがまんしたり，悲しくて泣いたり，そういう人間の生物としての動きができるような人工知能は，つくるのがむずかしいと考えられています。

パート2　名言続出！おもしろ科学

Q49

ロボット・AI

AIが人に恋することはあるの?

小学4年生 女子

AIが人に恋したらすてきだなと思います。

坂本先生　先生の答え,ちょっとがっかりさせてしまうかもしれないんですけれども,AIが人を好きになる,本当に人間のように恋をすることはむずかしいといわれています。
　そもそも恋をするってどういうことか,わかるかな?

う〜ん,わからない。

坂本先生　むずかしいですよね。先生もよくわからないんですけど,人間が恋をするということがどういうことかわからないと,機械やAIで実現するのはむずかしいんです。恋をした人の表情や声,体の反応を,学習するAIに覚えさせることで,恋をしたときとおなじような行動をさせることはできると思います。

へえ〜。

坂本先生　ただ,AIどうしが会話したり,じゃれあっている様子を見て,人間が「このAIは恋をしているのかもしれない」と思うことは大いにありえます。なので,「この人とこの人はきっと好きなんだろう」と,まわりから見ていて思うのとおなじようなことをAIにさせる,ということはできると思います。
　ぎゃくに,人間がAIに恋をするというのは,かんたんに起きてしまうと思います。というのは,AIは人間が思いえがくような答えを返してくれたり,人間がこういうときにはこうしてほしいというのを学習して,その人が望むようなことを言ってくれたり,動きをしたりすることはできるので,そういうときに人間はAIを好きになってしまう可能性があるんです。

ロボット・
AI

アナウンサー 先生のお答えを聞いて，どう思いました？

 なんかちょっと残念だなって思った。

坂本先生 ごめんなさいね。人間からの片思いというのは，ありうると思うんですけど。

篠原先生 似たような感じのことで，小菅先生が動物に恋したり，清水先生が昆虫大好きって言ったり，あるいは石好きの人にとっては石が恋の対象になったりと，たとえばそういうことは，脳の中で恋に関係するところ，腹側被蓋野というんだけど，そこが活性化するような状態になれば，起きます。

清水先生 けどね，虫からはこっちに来てくれないんです（笑）。

小菅先生 ぼく，わりと動物に好かれるタイプなんですよ。ある動物園でゴリラの赤ちゃんが生まれたとき，ほかの人が近づくと追い返されたのに，ぼくが近くまで行ったら赤ちゃんを見せてくれたんですよ。ああ，すごく動物に好かれているな〜と思って。

篠原先生 そう思った時点で，恋が始まっています（笑）。

パート2 名言続出！おもしろ科学

97

心と体

まちがえて覚えたことほど わすれないのはなぜ？

小学2年生　男子

ピアノや漢字の練習をしていて，いちどまちがえて覚えると，正しいことがなかなか覚えられないんです。

篠原先生　最近の漢字テストを思い出してほしいんだけど，できた問題もあれば，まったくわからなかった問題があったと思います。それから，たぶんいま気になっている「まちがって覚えていて，それを書いたら×をつけられた」っていうやつもあったでしょう。

ありました。

篠原先生　そうだよね。そうするといま，「正しいことが覚えられない」と言ったけど，できた問題もあるということは，正しいこともちゃんと覚えられてはいるよね。

　だけど，まちがえて覚えちゃったものは，テストで×がついてすごくくやしかったり，「なんでこんな変な覚え方しちゃったんだ」と気になったりするから，たくさんあるように思えちゃうんだよ。

ああ～！

篠原先生　だから本当は，正しいことも，まちがった覚え方したものも，ちゃんと覚えられているということだと思います。なので，まちがって覚えたものは，正しく覚えなおすということをしなければしょうがないですね。

　ここでちょっと大切な話になるんだけど，とくに漢字の場合，覚えるときに体が覚えるという部分があるんですよ。

　え～と，あなたはなにかスポーツをやっていますか？

サッカーと水泳をやっています。

98

心と体

篠原先生　ああ、そうなんだ。じゃあ、たとえば水泳でクロールを覚えるとします。最初はあのクロールのような水のかき方や手の動かし方って、なかなかできないじゃないですか。でも、くりかえしやっていくうちに、自然に水をかいて泳げるようになりますよね。

 なります。

篠原先生　こういうのを、ぼくらは「技のきおく」というんですが、くりかえしやっていると、あんまり意識しなくてもできるようになるという覚え方なんです。

　漢字もそうで、たとえば、まちがった漢字を「あ、ここがまちがいやすいんだ」と強く意識しながら、手で覚えるようにくりかえし書く練習をしないと、なかなか直らない。で、直っても、しばらくたつとまちがいがひょろっと出てきやすくなるので、ある意味いつでも意識して直していくようにしないと、頭に正解が定着しにくいと思います。

パート2　名言続出！おもしろ科学

99

Q51

心と体

からいものを食べると なぜあせが出るの?

小学4年生　男子

篠原先生　からいものって,どんなものを食べる?

　ワサビとショウガ,カラシ,トウガラシとか。

篠原先生　トウガラシを食べたときは,すごいあせが出るよね。あのからさはカプサイシンという物質のせいなんだけど,「からい」というのは,「あまい」「しょっぱい」などとはちがい,味ではないんです。ベロにはみらいといって,あじを感じる部分があるんですが,からさを感じるのはベロだけじゃなくて,口の中全体や体中にあるいたみを感じる部分なんです。だから,トウガラシをはだにぬったりすると,からいものを食べたみたいな感じをうけます。

　へぇ〜。

篠原先生　からさと同時に熱さも感じます。そのため血管が広がって,体が体温を下げようとしてあせをかくんです。

　さっきワサビのときもあせが出たって言ったけど,ワサビは冷たさを感じる食品なんですね。だから食べたしゅんかんは冷たく感じているはずなんです。だけど,ショウガはギンゲオールやショウガオールというからい物質が入っていて,冷たさを感じるけれども,そのあと血管が広がるので,あせが出てくるんです。「カレーを食べるとなぜあせが出るの?」や「からいラーメンを食べるとあせが出るの?」という話だと,ほとんどカプサイシンで説明するんだけど,ワサビやショウガの質問はいい質問でしたね。

心と体

Q52

あまいものを食べると なぜ幸せになるの?

小学1年生　女子

篠原先生　いちばん好きなのはなんですか?

　いちごパフェ。

篠原先生　いちごパフェを思い出すだけで, けっこう幸せになれるよね。

　うん。

篠原先生　つぎに好きなのは?

　バナナパフェ。

篠原先生　それを思いうかべても幸せになるよね。その「思いうかべても幸せになる」のと,「食べて幸せになる」のは, 脳のおくのほうでドーパミンという, ちょっと気持ちよくなる物質がおなじように出ているんですよ。働く場所がちょっとだけちがうんですけど。だから, あまいものを食べると幸せになるというのは, 脳の中で幸せに関係する物質が出るからというのが答えですね。

　なんでそういう仕組みになっているかというと, パフェなどのあまいものは, 体を動かしたり, 頭を使ったりするのに必要なエネルギーになるものだからなんです。人間や動物にとって, 生きていくために必要だからとりたいし, とれればおいしいし, 幸せになれる。

　お肉もおなじです。たんぱく質といって, 動物の体を作るのに必要な物質だから, 食べると幸せになるんです。

パート2　名言続出! おもしろ科学

101

心と体

お父さんのおならはなぜぼくのよりくさいの？

小学2年生　男子

篠原先生　この問題についてまじめに考えてみたいと思うので，いくつか質問をします。まず，お父さんがうんちしたあとのトイレもくさいですか？

はい，くさいです。

篠原先生　お父さんは一日何回くらいおならをしますか？

う〜ん，2〜3回はします。

篠原先生　毎回くさいのかな？

うん，くさいですね。

篠原先生　お父さんは平均5〜6回はおならをしているはずだから，2回くらいしか感じないなら，毎回くさいわけじゃなさそうだね。
　お父さんといっしょに食事して，おなじものを食べていますか？

お昼ごはんはちがいます。

篠原先生　ああ，お父さんは仕事先で食べているんだね。じゃあ，おじさんが思うに，お父さんのほうがたぶん，お肉とかしぼうとか，タマネギとかニンニクとか，そういうにおいのもとになるようなものをたくさん食べているんじゃないかな。
　おなかの中に腸というところがあって，そこで食べものを消化しているよね。腸の中にいる細菌というのが働いて，たとえばお肉やしぼうをバラバラにして体に取りこむんだけど，そのときガスが出てくるの。あのくさいにおいのもとはアンモニアとか，硫化水素とか，インドールっていうものなんだけど，豆や野菜など，食物せん

いの多いものを食べているとにおいのもとが出ないんですよ。お父さんのおならがくさいのは、肉類が多いからだと思います。

お母さんのおならは、たぶんあんまりくさくないでしょう？

 はい。

篠原先生 お父さんはがんばって働くために、お肉やしぼうをとっているので、ちょっとしょうがないと思ってください。ただ、あまり長くにおいが続くようなら、腸内の細菌があまりいい状態じゃなくなっている可能性があるので、お父さんには「もっと野菜や豆類を多くとるようにしてください」ってお願いしてみてください。

 お父さんはキャベツをたくさん食べているんですけど。

篠原先生 それなら、よそのお父さんのおならよりくさくないよ、きっと。きみにとってはくさいかもしれないけどね（笑）。

 わかりました（笑）。**でも、やっぱりくさいって言っちゃいそう**です。

心と体

Q54

つかれていると おこりやすくなるのはなぜ？

小学4年生　男子

篠原先生　きみもつかれるとおこりっぽくなるの？

　はい。

篠原先生　それがわかっているって，すごくいいことなんだよ。つかれておこりっぽくなるのをがまんするより，その気持ちを少しずつらそうとすることのほうがだいじだと考えられているんです。
　脳にはおこりっぽくなるのをおさえている場所があります。ちょうど右のこめかみのあたりです。でも，つかれたり，ストレスがたまってくると，この部分が働きにくくなってしまうんです。

　ストレスもですか。

篠原先生　たとえば，ダイエット中の人は食べものをがまんしているから，ストレスを感じているじゃないですか。そういう人はおこりっぽくなることが，むかしから報告されています。実験で，自由にドーナッツを食べていい人と，食べてはいけない人に分けて，あとでその人たちにいやなことばをかけるっていうのがあるんですね。「ふざけんな，お前」とかね。そうすると，がまんさせられた人のほうが切れやすくなるんですよ。

　へぇ〜！

篠原先生　あと，好きな映画を選ばせると，がまんさせられた人たちのほうが，暴力的な映画を見たがるという傾向も出てきたりするんです。それも，おこりっぽくなるのをおさえている脳の部分が，あまり働かなくなってしまうからです。
　でも，これって**ある意味しょうがない話**なんだよね。

心と体

えっ，そうなんですか!?

篠原先生 しょうがないというのは，つかれるとそうなるのは当たり前だし，ストレスがかかるとそうなるのも，ある意味当たり前だから。だから，がまんする力をもっと強くしようという方法も考えられるけれど，じつはそれはあまり上手なやり方じゃない。最初にお話ししたように，「ぼくはつかれるとおこりっぽくなるから，そこに気をつけよう」と思っていることのほうがだいじなんだ。

へぇ〜！

アナウンサー 先生のお話を聞いて，どう思った？

このままでいいんだなぁとわかって，よかったです。

篠原先生 いや，「おこりっぽくなるから気をつけよう」ってあたりは，強めたほうがいいですから（笑）。

パート3

これも科学!?
変わったギモン

それ, 科学じゃないのでは?
いえいえ, 科学でお答えします!

Q01

宇宙人は悪者なの？

[4歳 男子]

 テレビで火星に人が住むお話を見たの。

永田先生 それで「宇宙人が悪者だったらこわいな〜」と思ったの？

 うん。

永田先生 わたしはね，もし地球に宇宙人がやってきたとしたら，その宇宙人は悪者じゃないと思います。

たとえば，宇宙飛行士に向いているのは，みんなとなかよくできる人なんですよ。だって，宇宙船の中でケンカしたり，相手をきずつけたり，宇宙船をこわしたりしたらたいへんでしょう。だから，みんなで力をあわせて，なかよくして，長いあいだ宇宙でくらせる人。これが宇宙に行ける条件のひとつです。

そう考えると，もし地球に宇宙人が来たとしたら，それは長い時間を宇宙を飛んでようやく地球についた，みんなとなかよくできる宇宙人じゃないかな，悪者の宇宙人は来ないんじゃないかなと思うんだけど，どうかな？

 う〜ん，悪者じゃないかも。

永田先生 ああ，よかった。だからきみも，これから宇宙に行くことになったら，**悪者にならないでみんなとなかよくしてね。**

Q02

5歳 女子

からあげ座を教えて！

パート3 これも科学!? 変わったギモン

 からあげ座をつくりたいの。星座の。

永田先生 星座はね，世界共通で88個と決められているのだけれども，自分だけの星座をつくりたいっていうお友だちは，ぜひつくってください。

で，つくり方なんだけれども，おうちのベランダからお空は見えますか？

 見える。

永田先生 じゃあ，そこから毎日おなじ時間，夜8時か9時くらいに，おなじ方角の空を見上げて，「あ，あの星とこの星を結ぶとからあげっぽいな〜」っていうのを見つけてほしいんです。パッと空を見ただけでは星が見えないかもしれないけれども，目がなれてくるとたくさん見えてきます。時間をかけてよ〜く見てください。

星を見るときはお父さんお母さんといっしょにね。

 うん。

永田先生 からあげ座，ぜひ見つけてください。

いまある星座の中では，わたしは**かんむり座がからあげっぽい**と思うの。夏の夜8時くらいに西の空，太陽がしずんでいくほうに見える，丸い形の星座です。夜空でさがしたり，図鑑で調べたりしてみてくださいね。

Q03

恐竜

植物食の翼竜はいますか？

小学1年生 男子

 自由研究で恐竜バージョンの「ももたろう」を考えています。植物食の恐竜たちがティラノサウルスをたおしに行くお話です。おとものイヌとサルはトリケラトプスとアンキロサウルスですが，キジのかわりになる翼竜が思いつきません。なにがいいと思いますか？

小林先生 いいね〜。でも翼竜は基本的に虫や魚，小さい動物などを食べるから，植物食のをさがすのはなかなかむずかしいかな。やっぱり飛ばなきゃいけないよね。

 うん。飛ぶやつなら翼竜じゃなくてもいい。

小林先生 ミクロラプトルやアンキオルニスは飛ぶ恐竜だけど，どちらかというと肉食だもんね。飛ばなくていいならオビラプトルは？ 植物食でつばさもあって，飛ぶ直前まで進化した恐竜だから。

 う〜ん，ほかにないならしょうがない。

川上先生 恐竜から進化した鳥じゃダメですか？

 鳥はさすがにちょっと。

小林先生 ただ，オビラプトルはあんまり強くないと思う。つばさを使ってティラノサウルスの前でダンスして，注意を引いているすきに，トリケラトプスのツノやアンキロサウルスのしっぽでとどめをさすというのはどう？

川上先生 飛べるほうと助けるほう，どっちが優先？

 助けになるほうがいいです。ギガントラプトルにしようかな。

小林先生 ギガントラプトルはオビラプトルの仲間で，

くちばしやつばさがあったと考えられています。大きくて強いし,いいよ,ギガントラプトルでいこう。

アナウンサー じゃあ,イヌがトリケラトプス,サルがアンキロサウルス,キジがギガントラプトルですね。

小林先生 でも,超肉食で凶暴なティラノサウルスにはまだ勝てません。作戦をしっかり考えないと。

サルのかわりを動きの速いパキケファロサウルスにするのはどうかな。あのヘルメットみたいな頭で頭つきするの。ティラノサウルスは体が大きくて,いちどたおれたらなかなか起き上がれないから,パキケファロサウルスとアンキロサウルスで足をこうげきするなんて作戦もいいと思うな。

大きなツノを3本も持つ
トリケラトプス

頭がいこつがぶあつい
パキケファロサウルス

しっぽの先がハンマーのような
アンキロサウルス

全長が8メートルもある
ギガントラプトル

Q04 昆虫

小学2年生 女子

セミのぬけがらは食べられますか？

清水先生 おいしそうに見えた？

 色がからあげみたいで、おいしそう。

清水先生 答えから言うと、食べられると思います。ただ、そのままパリパリ食べてもおいしくないよ。

あのぬけがらはクチクラといって、キチンというせんい、たんぱく質や表面のワックスなどでできています。セミだけじゃなく、エビやカニのからもおなじようにキチンをふくむクチクラです。だから、セミのぬけがらの食感はエビのからだけ食べているようなものだと思う。それよりおいしくないかもしれないけどね。消化も悪いだろうし。

興味があるなら、油でカリッとあげて、塩で味付けするといいと思います。どうしても食べたかったら、かならず火を通してもらおうね。でも、**中身が入っているほうがおいしい**と思うよ。

 はい。

清水先生 食べすぎるとかけらが次の日に出てきちゃうかも。どれくらい消化するかもためしてみてください。

アナウンサー どう思った？　セミのぬけがら。

 とったときはおいしそうだったけど、ちょっとかじるだけでいいかな〜って、思い直した。

Q05

昆虫

小学3年生 男子

カブトムシはせんたく機であらっても平気なの？

アナウンサー あらっちゃったの!?

夜中に虫かごからにげてせんたく機の中にかくれてて，お母さんが気づかずにネットに入れてあらっちゃったの。死んだと思ったんだけど，カウンターに置いといたら動いててびっくりした。

久留飛先生 うっかりにがしてしまうことは，わたしもよくあります。それにしても，おぼれなかったのはふしぎに思うよね。

カブトムシや昆虫たちがどこで息をしているかというと，体の横にポツポツあいている，気門という小さいあななんです。このあなは体のおくまで続いていて，ここから空気を出し入れしています。空気を出し入れしたくないときは，とじることもできる。

きみのカブトムシはせんたく機の中でうまく気門をとじていられたから，水の中でもおぼれなかったんです。

ただ，せんたく機の中ですごいスピードで回されたはずなのに，足がもげたり，体がこわれたりしなくて本当によかった。**ラッキーカブトムシ**ですね。だいじに世話してあげてください。

うん。

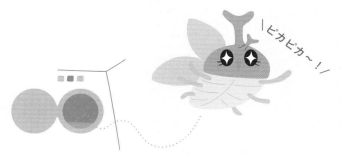

パート3 これも科学!? 変わったギモン

113

Q06

鳥

小学3年生 男子

もし鳥人間がいたら，ちこくしない？

アナウンサー 鳥人間って，どんなの？

 つばさがあって飛べる人間です。

川上先生 じつは空を飛ぶということは，とてもたいへんなことなんだ。歩くのと走るの，どっちがたいへん？

 走るほう。

川上先生 そうだよね。走るのがたいへんだから，ついなまけて歩いちゃって，ちこくすることもあるよね。でも，**飛ぶのは走るよりよっぽどたいへん**なんだよ。飛ぶとすごくつかれるから，鳥人間も飛べるのに飛ばなくて，けっきょくちこくしちゃうんじゃないかな。

あと，飛ぶのにはすごくエネルギーがいるから，たくさん食べなきゃいけない。朝ごはんにも時間がかかるし，飛んで学校に行ってもおなかが空いて，もっと食べたくなっているから，やっぱり授業におくれる気がする。

鳥が空を飛ぶのは，食べものをさがすためとか，天敵にねらわれないようにするためとか，ようするに命がかかっているんですよ。

人間がちこくしてしまうのは，なまけていてもなんとかなるからです。空を飛ぶことを考えるより，ちこくしないようにがんばって早寝早起きして，学校に早めに行ってください。

Q07 青い鳥をつかまえるとなぜ幸せになれるの？

小学1年生 女子

パート3 これも科学!? 変わったギモン

川上先生 青い鳥は種類が少ないので，めずらしいものを見つけるとうれしくなるから，ということもあるかもしれませんが，もうひとつ理由があるかもしれません。
　たとえばニンジンは何色ですか？

　オレンジ色。

川上先生 そうですね。これはニンジンの中にオレンジ色の色素が入っているからなんです。ところがシャボン玉はとうめいなのに，表面にいろいろな色が見えるでしょう。これは「構造色」といって，光が表面でいろいろな向きに反射して見えている色なんですね。
　青い鳥の青も，この構造色なんですよ。だから，ちがう光のところで見ると青く見えなかったりするし，羽毛の表面がつぶれてしまうと色が消えちゃったりするんです。幸せというのは人によって感じ方がちがうという意味もあるかもしれません。
　せっかくだから青い鳥を見てほしいんだけど，カラスは見たことありますか？　カラスの色は？

　黒。

川上先生 黒だけど，光のぐあいで青く見えることがあるんです。もしカラスの羽毛を拾ったら，角度を変えて光を当ててみてください。黒だと思っていた**カラスも青い鳥**だとわかれば，少し幸せな気分になれるかもしれません。

115

Q08

植物

| 6歳 女子 |

野菜はなんでまずいんですか？

アキリ先生 きらいな野菜はなんですか？

 ナスやピーマンです。トマトは好きです。

アキリ先生 いま言ってくれた野菜がきらいなのは、苦味があるからじゃないかな。人間は、とくに子どものうちは、苦さやしぶさを感じやすいんです。それは植物の苦い部分に、**虫にとって毒になるものが入っていることがある**からなんです。野菜に入っているものは、ふつうの量なら人間が食べてもだいじょうぶなんですけどね。

さっきトマトは好きって言ったよね。トマトも赤くなる前はトマチンという毒が入っています。緑のトマトにはまだタネができていなくて、食べられるとこまるから「食べないで、毒があるよ」と言っているんですね。そして、実が赤くなりタネができるころにはトマチンをへらし、動物においしく食べてもらって、タネを遠くに運んでもらおうとしているんです。

大人になると苦い味にもなれます。子どものころはまずいと思っていた野菜のおいしさに気がついて、食べられるようになりますよ。

 ピーマンも食べるようにします。

アキリ先生 がんばっていっぱい食べてくださいね。

Q09 ネコになれる方法はありますか？

小学3年生 男子

パート3 これも科学!? 変わったギモン

アナウンサー どうしてネコになりたいの？

宿題をしなくてすむからです。

成島先生 残念だけど，人間は**ネコにはなれません**。人間に生まれてきたらずっと人間，ネコに生まれてきたらずっとネコなの。

ネコも生きていくのはけっこうたいへんなんだよ。人間にかわれているときはいいけど，ネコをすてちゃう人もいるじゃない。そうすると，自分でごはんをさがさなきゃいけないし，あったかい家にもいられなくて，雨や風をしのげる場所もさがさなきゃいけない。

それはかわいそう。

成島先生 ライオンやチーターなど野生のネコの仲間だと，せっかく生まれてきても，なにかにおそわれて食べられちゃって，大人になれないかもしれない。そんなところで生きていくやり方を勉強して，大人になって，子どもを生んで，次の世代をつくっていかなきゃいけないんだ。宿題がないからいいなんて喜べないと思うな。

ネコになる方法はないけれど，ネコとなかよくなる方法はいっぱいあります。ネコをかわいがって，すてるなんてことをしない大人になってください。

117

Q10

科学

小学2年生 男子

伝説の生きものの つくり方を教えて！

アナウンサー　たとえば，どんな生きもの？

ユニコーンとか，ドラゴンとか。遺伝子でつくれるのかなと思って。

藤田先生　遺伝子というのはすべての生物にあるよね。その生物がどんな形になり，体のそれぞれの部分がどんな働きをするかなどを決めているのが遺伝子です。この遺伝子をいじったら，思いどおりの生物を自由につくり出せると考えたんですね。

はい。

藤田先生　もともといる生物の遺伝子から実がたくさんできる植物をつくったり，病気を治したりするための研究は進んでいます。でも想像上の生物は組みかえるもとにする遺伝子がないので，とてもむずかしいと思います。

それに，人間がなんでもかんでも思いどおりに生物をつくり変えてしまうのはちょっと問題がある，いいことではないかもしれないと考えたことはありませんか？

う～ん…。

藤田先生　ツノが2本ある動物の遺伝子から，ツノが1本のユニコーンにた動物をつくる研究も，もしかしたら進むかもしれませんが，それは**動物にとって本当にいいことでしょうか**。科学の研究は「これは人間が行ってもいいのか？」と考えながら進められているのです。

でも，「こうなったらいいな」「こういう生きものはいないかな」などと考えることは，**科学の研究にはとても大切**ですね。

心と体

Q11 人間はなぜ争いごとをするの？

小学1年生 男子

パート3 これも科学!? 変わったギモン

篠原先生　どういうときにケンカしやすい？

気が合わないときが多いと思う。友だちと遊びたかったのに別々に遊ぼうと言われたときとか。

篠原先生　そうだよね，考えがおたがいにちがうとき，争いごとが起きやすいんだよね。

　そういうとき「自分はこう思っている。友だちはこう思っている。なんとかしなきゃ」と思うのは立派なことなんだ。「自分を観察する力」と「相手を観察する力」が，人間には備わっているの。おたがいの考えがずれていたら「調整する力」もあって，争いごとが起きてもうまくおさめる仕組みが，人間の脳にはあります。

　だけどそれが自分の中にしかないと，たとえば国どうしの考えがちがったりしたときに間に合わなくて，戦争になっちゃったりする。そういうとき，「自分の国はいまこういう状況だ。相手の国の状態はこうだ」と観察して調整する仕組みをつくることが必要なんだよね。

はい。

篠原先生　「外在化」という言い方をするんだけど，脳の中にある仕組みを外の社会にも用意してあげるのが，人間が争いごとをしないためにだいじだと思います。

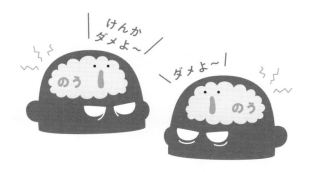

答えてくれた先生方

※五十音順
肩書等は初版時のものです

アキリ 亘（あきり・わたる）

1973年神奈川県生まれ。国立研究開発法人 農業・食品産業技術総合研究機構 上級研究員。ウシのエサになる牧草やトウモロコシの品種改良にかかわっています。

川上 和人（かわかみ・かずと）

1973年大阪府生まれ。森林総合研究所 主任研究員。大学時代のバードウォッチングがきっかけで，20年以上小笠原諸島の鳥の研究をしています。

国司 真（くにし・まこと）

1954年東京都生まれ。かわさき宙（そら）と緑の科学館 プラネタリウム解説員。科学館では星を見たり，本物のいん石にさわったりできます。ぜひ遊びに来てくださいね。

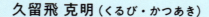

久留飛 克明（くるび・かつあき）

1951年広島県生まれ。非営利団体 昆虫科学教育館 館長。むかしは大阪府保健所で害虫相談や健康にかかわってきました。いまは昆虫教室などの活動をしています。

小菅 正夫（こすげ・まさお）

1948年北海道生まれ。札幌市円山動物園 参与。旭川市旭山動物園 前園長。休日は少し時間をかけて，生きものの活動を追ってみてはどうでしょう。なにか発見できるかも!?

小林 快次（こばやし・よしつぐ）

1971年福井県生まれ。北海道大学総合博物館 教授。日本人で初めて恐竜の博士号を取得。1年のうち4か月ほど海外で恐竜発掘をしていますが、このラジオのために帰国します！

坂本 真樹（さかもと・まき）

北海道生まれ。電気通信大学 教授。感じたことを言葉で表現できる人間の能力の研究から始めて，いまは人間とおなじか，それ以上の能力を持つ人工知能を開発しています。

篠原 菊紀（しのはら・きくのり）

1960年長野県生まれ。公立諏訪東京理科大学工学部情報応用工学科 教授。「遊んでいるとき・運動しているとき・学習しているとき」などの脳活動を調べています。

清水 聡司（しみず・さとし）

1968年大阪府生まれ。大阪府営 箕面公園昆虫館 副館長。チョウから水生昆虫まで、昆虫館で展示する昆虫たちの飼育全般を担当しています。群馬県が大好き。

高橋 智隆（たかはし・ともたか）

1975年大阪府生まれ。ロボットクリエーター／株式会社ロボ・ガレージ 代表取締役社長。二足歩行できる，親しみやすいデザインのロボットを研究・開発しています。

竹内　薫（たけうち・かおる）

1960年東京都生まれ。サイエンス作家。大学時代は物理学を勉強していました。科学関連の本を書いたり，テレビに出たり，科学のみりょくを発信する仕事をしています。

多田 多恵子（ただ・たえこ）

東京都生まれ。植物生態学者，立教大学・国際基督教大学兼任講師。植物の生き残り戦略や虫や鳥や動物たちとのかかわりを，いつもワクワク追いかけています。

田中　修（たなか・おさむ）

1947年京都府生まれ。甲南大学 特別客員教授。植物は動きまわれないのではなく，動きまわる必要がないのです。それが本当かどうか，観察してみませんか？

塚谷 裕一（つかや・ひろかず）

1964年神奈川県生まれ。東京大学大学院理学系研究科 教授・同附属植物園園長。植物の葉の形と大きさがどのように決まり，どう変化したのか，遺伝子から調べています。

永田 美絵（ながた・みえ）

1963年東京都生まれ。コスモプラネタリウム渋谷 解説員。宇宙を知れば知るほど，大きな世界が見えてきます。宇宙のふしぎをいっしょに解き明かしていきましょう！

中村 忠昌（なかむら・ただまさ）

1972年宮崎県生まれ。NPO法人生態教育センター 主任指導員。子どものころから鳥が好き。葛西の海をラムサール条約登録湿地にするという夢が，2018年にかないました！

123

成島 悦雄（なるしま・えつお）

1949年栃木県生まれ。日本動物園水族館協会 専務理事。井の頭自然文化園 前園長。いまは，日本の動物園水族館が協力して発展するための仕事についています。

林 公義（はやし・まさよし）

1947年神奈川県生まれ。横須賀市自然・人文博物館 前館長。どんな生き物でもいいから，身近な自然に出かけて，自分の目で見つけ，暮らしぶりを観察してみましょう。

藤田 貢崇（ふじた・みつたか）

1970年北海道生まれ。法政大学 教授。番組での担当分野は広いのですが，ふだんは大学で「自然界や宇宙の法則性」を学ぶための物理学という科目を担当しています。

本間 希樹（ほんま・まれき）

1971年アメリカ生まれ。国立天文台 水沢VLBI観測所 所長。電波望遠鏡を使って，M87銀河の中心にひそむ巨大ブラックホールの撮影に成功しました！（91ページの写真）

丸山 宗利（まるやま・むねとし）

1974年東京都生まれ。九州大学総合研究博物館 准教授。小さいときから昆虫が好きで，そのまま昆虫学者になりました。『昆虫はすごい』ということをみんなと考えたいです。

NHKラジオ第1
毎週日曜日
午前10:05〜11:50
番組ホームページ
https://nhk.jp/kodomoq/

みんなのふと思った疑問・質問に答え続けて36年目。
2019年4月からは毎週日曜日の放送になりました！

新コーナー！

先生に聞いちゃおう
NHKのスタジオに来て，先生の「研究」から「好きなもの」まで，なんでもたくさん質問できます。

あのあと，どうなった？
「みんなの心に残った質問」や「お友だちのその後」を聞くコーナーです。

先生からのクイズ！
先生の出題するクイズに，生放送で答えちゃおう。

― 司会 ―

山田敦子
アナウンサー

石山智恵
キャスター

山本志保
アナウンサー

おわりに

　「ふしぎだな？？？」と思ったことを「どうしてだろう」と考えて，「観察したり」「調べたり」「試したり」すると「たくさんの発見」が生まれます。世界初の「大発見」も，ラジオを聞いているみなさんがふだんの生活で気づいた「発見」も，ともに「どうしてだろう」と考える「科学する心」から始まります。「子ども科学電話相談」によせられる「ふしぎや疑問」は，世界中の科学者が研究中の「最先端のなぞ」に関連しているのです。

　いまから400年ほど前，イタリアの天文学者ガリレオ・ガリレイは自分で作った小型の望遠鏡で月や惑星を観測しました。月には地球と同じような山や谷，そして多くのクレーターを発見しました。木星には4つの衛星があり，そのまわりを公転していることを発見。この衛星はガリレオ衛星と名づけられました。そのほかにも金星が月のように満ち欠けをすることや，天の川が無数の星の集まりであることを見つけました。このような天文学の大発見が，望遠鏡を初めて天体に向けたガリレオにより達成されたのです。当時はカメラなどありせんから，観測は手書きのスケッチです。ガリレオはこの記録を「だれが」「いつ」「どこで」「なにを」「なぜ」「どのように」の視点でまとめ，その研究成果を『星界の報告』という本で発表しました。

　いま，わたしたちのまわりには科学技術の粋を集めた高性能な機材があふれています。小学校の理科室にある天体望遠鏡を

使えば，ガリレオが確認できなかった土星の輪をはっきり見ることができます。さらに，ガリレオの時代にはなかったデジタルカメラを取りつけると，肉眼では見られない星雲・星団，そして遠い銀河までさつえいできます。ぜひ，みなさんのまわりにある自然をじっくり観察してください。星座の星や見知らぬ花や昆虫の名前を調べ，流星やホタルの光を数えるところから，一人ひとりの新しい発見が始まります。写真をとるだけでなく時間をかけてスケッチすると，最初は気づかなかったなにかが見えてきます。さらに続けて観察すると，たくさんの生物をはぐくむ地球環境の変化がわかるかもしれません。

　宇宙のなぞをときあかすブラックホールの研究では，世界各地の電波望遠鏡をつないで観測し，M87銀河の中心にある巨大ブラックホールのさつえいに成功する大発見がありました。これは日本をはじめ世界中の科学者による国際協力の成果です。

　夏休みの自由研究も，チームで取り組んではいかがでしょう。クラスでテーマを決め，みんなでアイデアを出して観察や実験を分担します。その結果をまとめると，いままで以上に多くの発見があり，自然や科学が大好きになると思います。

2019年5月

かわさき宙（そら）と緑の科学館　国司 真

アートディレクション／安食正之〔北路社〕
デザイン＆DTP／内藤富美子, 梅里珠美〔北路社〕
イラスト／岩城奈々, iStock.com/tanda_V

編集協力／辰巳 宏

校正／酒井清一

写真／21ページ：Mick Talbot（ダンゴムシ）, JMK（ワラジムシ）　35ページ：Daiju Azuma　59ページ：塚谷裕一, KENPEI（ハツユキカズラ）, Wouter Hagens（ハクロニシキ）　63ページ：Stefan Berndtsson（カッコウ）, harum.koh（ホオジロ）, Vince Smith（オナガ）, Michael Sveikutis（オオヨシキリ）　73ページ：Conty（ディロング）, Tomopteryx（ユウティラヌス）, Durbed（グアンロン）, Mariomassone（タルボサウルス）, Steveoc 86（ダスプレトサウルス）　86ページ：NASA　91ページ：NASA（ホーキング博士）, EHT Collaboration（ブラックホール）　111ページ：L.E. Spry（トリケラトプス）, Mariana Ruiz Villarreal（アンキロサウルス）, Jordan Mallon（パキケファロサウルス）, Nobu Tamura（ギガントラプトル）

NHK子ども科学電話相談
おもしろギモン大集合!!

2019年6月20日　第1刷発行
2022年3月25日　第3刷発行

編　　者／NHK「子ども科学電話相談」制作班
　　　　　©2019 NHK
発行者／土井成紀
発行所／NHK出版
　　　　　〒150-8081 東京都渋谷区宇田川町41-1
　　　　　電話 0570-009-321（問い合わせ）
　　　　　　　　0570-000-321（注文）
　　　　　ホームページ https://www.nhk-book.co.jp
　　　　　振替 00110-1-49701
印刷・製本／広済堂ネクスト

乱丁・落丁本はお取替えいたします。
定価はカバーに表示してあります。

本書の無断複写（コピー、スキャン、デジタル化など）は，著作権法上の例外を除き，著作権侵害となります。

Printed in Japan
ISBN978-4-14-011363-9 C2040